工业和信息化精品系列教材

# 计算机
# 组装与维护

## 第5版

刁喆 周洁波 ◉ 主编

张永健 ◉ 副主编

COMPUTER ASSEMBLY
AND MAINTENANCE

人民邮电出版社

北 京

**图书在版编目（CIP）数据**

计算机组装与维护 / 刁喆，周洁波主编. -- 5版
. -- 北京：人民邮电出版社，2024.1
工业和信息化精品系列教材
ISBN 978-7-115-62604-2

Ⅰ．①计… Ⅱ．①刁… ②周… Ⅲ．①电子计算机－
组装－高等职业教育－教材②计算机维护－高等职业教育
－教材 Ⅳ．①TP30

中国国家版本馆CIP数据核字(2023)第167903号

## 内 容 提 要

本书较为全面地介绍计算机系统的硬件组成、软件的安装使用和计算机维护等知识。全书共 9 个项目，分别是了解计算机、选配计算机硬件、组装计算机、设置 BIOS 和硬盘分区、安装操作系统和常用软件、进行网络连接与安全设置、优化计算机与保护系统数据、维护计算机、排除计算机故障。每个项目后均配备了实训和课后练习，以帮助读者通过操作实践和练习巩固所学的内容。

本书可以作为高职高专院校计算机相关专业和非计算机专业"计算机组装与维护"课程的教材，也可以作为计算机软、硬件培训班的教材，还适合计算机维修、维护人员，从事计算机销售、技术支持的专业人员和广大计算机爱好者自学使用。

◆ 主　　编　刁　喆　周洁波
　　副主编　张永健
　　责任编辑　桑　珊
　　责任印制　王　郁　焦志炜
◆ 人民邮电出版社出版发行　　北京市丰台区成寿寺路 11 号
　　邮编　100164　电子邮件　315@ptpress.com.cn
　　网址　https://www.ptpress.com.cn
　　三河市君旺印务有限公司印刷
◆ 开本：787×1092　1/16
　　印张：16.25　　　　　　　　2024 年 1 月第 5 版
　　字数：453 千字　　　　　　 2024 年 1 月河北第 1 次印刷

定价：59.80 元

读者服务热线：(010)81055256　印装质量热线：(010)81055316
反盗版热线：(010)81055315
广告经营许可证：京东市监广登字 20170147 号

# 前言 PREFACE

本书全面贯彻党的二十大精神，以社会主义核心价值观为引领，传承中华优秀传统文化，坚定文化自信，使内容更好体现时代性、把握规律性、富于创造性。

《计算机组装与维护（第4版）》自2016年出版以来，受到了许多高职高专院校的欢迎。编者结合目前的计算机软、硬件技术和近几年课程教学改革实践，在保留原书特色的基础上，对第4版进行了全面修订。本次修订的主要内容如下。

- 对各项目内容进行了更新，增加了新的硬件产品和系统软件的介绍。
- 以当前主流操作系统和路由器为例，详细介绍小型局域网的工作原理和组建过程。
- 对本书的部分操作性内容配备了细致的演示视频，有利于初学者快速熟悉和掌握。
- 删减了对笔记本电脑组成结构、升级方法和维护技巧的介绍。

修订后，本书详细介绍计算机系统的组成部件，包括CPU、主板、内存、显卡、硬盘及各种输入输出设备等，并讲述微型计算机的工作原理和基本性能参数，全面讲解计算机硬件的选购和组装、主流操作系统的安装与调试、系统性能的优化、计算机维护的常见注意事项等。针对品牌机用户的不断增多，本书加入了品牌台式计算机常用的软件升级和系统维护技巧。在硬件方面，新增内容涉及目前流行的固态盘、平板电脑、一体机电脑和无线网络设备，详细讲解小型无线局域网的组建过程；在软件方面，新增内容包括Windows 10系统的安装和维护技巧。本书内容新颖，可操作性强，图文并茂，简明易懂，既有理论又有实践，旨在从实用角度出发，重点培养学生动手解决实际问题的能力。

本书由刁喆、周洁波任主编，张永健任副主编。周洁波确定了全书的内容框架和提纲，负责体例安排、统稿和定稿等工作；刁喆编写、更新和校对了各项目内容，并为部分内容录制了演示视频。同时感谢程怡萱、涂玉遥、文冰倩、王鹏飞、王叶丹和张宇曦同学参与部分项目的修订工作。

由于编者水平有限，书中难免存在不足之处，恳请广大读者批评指正。

编者

2023年6月

# 目录 CONTENTS

# 项目 3

## 组装计算机 ·············· 75

【情景导入】 ·················· 75
【学习目标】 ·················· 75

# 项目 4

## 设置 BIOS 和硬盘分区 ······ 90

# 项目 5

## 安装操作系统和常用
## 软件 ······ 102

# 项目 6

## 进行网络连接与安全设置···· 154

# 项目 7

## 优化计算机与保护系统
## 数据 ·········· 171

# 项目 8

# 维护计算机 …………… 199

# 项目 9

# 排除计算机故障 …………… 231

# 项目1
## 了解计算机

01

## 【情景导入】

计算机是 20 世纪最伟大的发明之一。计算机技术的飞速发展和广泛应用，使得能熟练使用计算机成为现代人们必须具备的能力。如何组装一台性价比较高、稳定性较好的计算机，如何维护好自己使用的计算机，可以说是每位计算机使用者非常关心的问题。

本项目将带领同学们认识常用计算机、熟悉计算机硬件、熟悉计算机软件，并进行一系列实训操作及技能提升，以对计算机进行深入了解。

## 【学习目标】

### 【知识目标】
- 认识常用计算机。
- 熟悉计算机硬件。
- 熟悉计算机软件。

### 【技能目标】
- DIY。
- 认识主机电源开关上的两个符号。
- 了解组装台式计算机需要选购的硬件设备。

### 【素质目标】
- 加强爱国主义教育、弘扬爱国精神与工匠精神。
- 培养自我学习的能力和习惯。
- 树立团队互助、进取合作意识。

## 【知识导览】

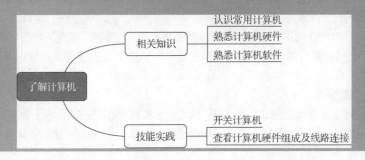

## 任务1 认识常用计算机

自 1946 年第一台通用电子计算机问世以来，计算机在硬件方面先后经历了电子管，晶体管，中小规模、大规模和超大规模集成电路几个发展阶段。计算机作为办公和家庭几乎必备的用品，早已和人们的生活紧密相连。

### 1.1 任务目标

本任务的目标是熟悉计算机的常见类型，以及这些类型计算机具有的一些特征。

### 1.2 相关知识

现在通常所说的计算机主要是指个人计算机（Personal Computer，PC），俗称电脑。市面上常用的计算机主要有台式计算机、笔记本电脑、一体机和平板电脑 4 种类型，而台式计算机又分为兼容机和品牌机两种类型。

### 1.2.1 台式计算机

#### 1. 定义与特性

台式计算机也称为台式电脑，是一种各功能部件相对独立的计算机。相对于其他类型的个人计算机，其体积较大，一般需要放置在桌子或者专门的工作台上。多数家用和办公用的计算机都是台式计算机，如图 1-1 所示。

图 1-1　台式计算机

台式计算机具有以下特性。
- 散热性：台式计算机的机箱具有空间大和通风条件好的特点，因此具有良好的散热性，这是笔记本电脑等所不具备的。
- 扩展性：台式计算机机箱有光驱驱动器插槽和硬盘驱动器插槽，非常方便日后的硬件升级。
- 保护性：台式计算机的机箱可全方位保护硬件，减少灰尘的侵害，有的机箱还具有一定的防水性。

#### 2. 品牌机与兼容机

品牌机就是指有注册商标的整机，是计算机公司将计算机配件组装好后进行整体销售，并提供技术支持以及售后服务的计算机。兼容机是指按用户自己要求选择配件组装而成的计算机，一般具有较高的性价比。下面对这两种机型进行比较，以便用户选购。

- 兼容性与稳定性：每一款品牌机的研发都经过了严格和规范的工序检测，因此稳定性和兼容性都有保障，很少会出现硬件不兼容的现象。而兼容机是用户凭借经验在成百上千种配件中选取其中的几种组成的，无法保证足够的兼容性。所以在兼容性和稳定性方面，品牌机占优。
- 产品搭配灵活性：配件选择的自由程度，兼容机具有品牌机不可比拟的优势。由于不少用户装机有特殊要求，需根据专业的应用需要突出计算机某一方面的性能，而由用户自行选件或者经销商帮助组装。
- 价格比较：同配置的兼容机往往要比品牌机便宜几百元，甚至数千元，差距主要在于品牌机的软件捆绑费用以及厂家的售后服务费用。
- 售后服务：很多消费者注重产品性能，但也同样关心产品的售后服务。品牌机的售后服务质量比兼容机的要好，一般提供的质保服务都是 3 年。兼容机一般只有 1 年的质保，而且像键盘、鼠标和光驱这类易损的产品保质期一般只有 3 个月，且不提供上门服务。

## 1.2.2 笔记本电脑

笔记本电脑（Notebook、Laptop），也称手提电脑或膝上型电脑，是一种体积小、便于携带的计算机，通常重 1~3kg。根据市场定位，笔记本电脑又分为游戏本、轻薄本、二合一电脑、超极本、商务办公本、影音娱乐本、校园学生本和 IPS 硬屏笔记本电脑等类型。

- 游戏本：游戏本是主打游戏性能的笔记本电脑。通常游戏本需要拥有与台式计算机相媲美的强悍性能，但机身比台式计算机更便携，外观比台式计算机更美观，价格也比台式计算机（甚至其他种类的笔记本电脑）高，如图 1-2 所示。
- 轻薄本：主要特点为外观时尚轻薄，性能出色，让用户的办公学习、影音娱乐都能有出色体验，使用更随心，如图 1-3 所示。

图 1-2　游戏本

图 1-3　轻薄本

- 二合一电脑：兼具传统笔记本电脑与平板电脑功能的产品，既可以当作平板电脑，也可以当作笔记本电脑使用，如图 1-4 所示。
- 超极本：超极本（Ultrabook）是 Intel 公司定义的全新品类的笔记本电脑产品。"Ultra"的意思是极端的，"Ultrabook"指极致轻薄的笔记本电脑产品，中文翻译为超极本。其集成了平板电脑的应用特性与笔记本电脑的性能，如图 1-5 所示。

图1-4 二合一电脑

图1-5 超极本

- 商务办公本：专门为商务应用而设计的笔记本电脑，特点为移动性强、电池续航时间长、商务软件多等，如图1-6所示。
- 影音娱乐本：这类笔记本电脑在游戏、影音等方面的画面效果和流畅度突出，有较强的图形图像处理能力和多媒体应用能力。影音娱乐本多拥有较为强劲的独立显卡和声卡，以及较大的屏幕，如图1-7所示。

图1-6 商务办公本

图1-7 影音娱乐本

- 校园学生本：其性能与普通台式计算机相差不大，主要针对校园的学生设计，各方面性能比较均衡，且价格较低，如图1-8所示。
- IPS硬屏笔记本电脑：IPS（In-Plane Switching）就是平面转换硬屏技术，是目前较为先进的液晶面板技术，已经广泛使用于液晶显示器与手机屏幕等显示面板中。采用IPS硬屏技术的笔记本电脑，具有稳定性好、视角广、色彩表现准确三大技术优势。图1-9所示为IPS硬屏笔记本电脑。

图1-8 校园学生本

图1-9 IPS硬屏笔记本电脑

### 1.2.3　一体机

从外观上看，一体机是由一台显示器、一个键盘、一个鼠标组成的计算机。一体机的芯片和主板集成在显示器后面，因此只要将键盘和鼠标连接到显示器上，计算机便能正常使用，如图 1-10 所示。

图 1-10　一体机

一体机具有以下优势。

- 线路简洁：具有最简洁的线路连接方式，只需要一根电源线就可以实现计算机的启动，简化了包含音箱线、摄像头线、视频线的繁杂交错的线路。
- 节省空间：比传统分体台式计算机小巧，可节省更多的桌面空间。
- 超值整合：同价位拥有更多功能部件，集摄像头、无线网卡、音箱、蓝牙等功能于一身。
- 节能环保：更节能环保，耗电量小于传统台式计算机，且电磁辐射更小。
- 潮流外观：简约、时尚的外观设计，更符合现代人的审美。

但是，一体机也具有以下缺点。

- 维修不方便：若有接触不良或者其他故障，必须拆开显示器后盖进行维修。
- 使用寿命较短：由于把所有的元件都集中到了显示器的后面，一体机的发热量远高于台式计算机，且散热较慢，元件容易老化，使用寿命会大幅缩短。
- 实用性不强：多数配置不高，而且不易升级。

### 1.2.4　平板电脑

平板电脑（Tablet Personal Computer）是一种无须翻盖、没有键盘、功能完整的计算机，如图 1-11 所示。其构成组件与笔记本电脑基本相同，以触摸屏作为基本的输入设备，允许用户通过触控笔或手指来进行作业。

图 1-11　平板电脑

平板电脑具有以下优势。

- 便携：相比笔记本电脑，体积更小，重量更轻。
- 功能强大：具备手写识别输入功能，有的还具有语音识别和手势识别功能。
- 灵活的操作系统：具有普通操作系统的功能，许多普通计算机上的应用程序都可以在平板电脑上运行。

但是，平板电脑也具有以下缺点。

- 译码：编程语言不宜在平板电脑上实现手写识别。
- 打字（学生写作业、编写电子邮件）：在平板电脑上手写输入速度较慢，不适合大量文字的录入工作。

## 1.3　任务实施

通过网络搜索相关信息，作图展示计算机系统的组成，并简述组装一台计算机的基本步骤。

## 任务2　熟悉计算机硬件

广义上的计算机由硬件系统和软件系统两部分组成。硬件系统是软件系统工作的基础，而软件系统又控制着硬件系统的运行。两者相辅相成，缺一不可。

### 2.1　任务目标

本任务将通过具体的图片，介绍计算机的各种硬件。首先介绍主机以及其中的各种硬件，然后介绍显示器，接着介绍鼠标和键盘，最后介绍各种周边设备。通过本任务的学习，读者可以熟悉计算机的各种硬件设备。

### 2.2　相关知识

从外观上看，计算机的硬件都包括主机、外部设备和周边设备 3 个部分。主机是指机箱及其中的各种硬件，外部设备则是指显示器、鼠标和键盘，周边设备则是指打印机、音箱、移动存储设备等。

**知识补充**

冯•诺依曼结构的计算机硬件系统

计算机的硬件系统是按照冯•诺依曼所设计的计算机体系结构为基础进行划分的。计算机的硬件主要分为输入设备、输出设备、运算器、控制器、存储器5个部分。

### 2.2.1　主机

主机是机箱以及安装在机箱内的硬件的集合，主要由中央处理器（Central Processing Unit，CPU）（包括散热器）、主板、内存、显卡（包括散热器）、硬盘（或者固态盘，有时是两种盘）、主机电源和机箱几个部件组成，如图 1-12 所示。

图1-12　主机

不同主机机箱上的按钮和指示灯的形状及位置可能不同。复位按钮一般有"Reset"字样，电源开关一般有"⏻"标记或"Power"字样。电源指示灯在开机后一般显示为绿色，硬盘工作指示灯只有在对硬盘进行读写操作时才会亮起。

● CPU：CPU 是计算机的数据处理中心和最高执行单位，它具体负责计算机内数据的运算和处理，与主板一起控制、协调其他设备的工作。图 1-13 所示为 Intel 的 Core i7 CPU。

CPU 在工作时会产生大量的热量，散热不及时可能会导致计算机死机，甚至烧毁 CPU。为了保证计算机的正常工作，控制热量，需要为 CPU 安装散热器。通常正品盒装的 CPU 会配有风冷散热器，而散装 CPU 则需要单独购买散热器。图 1-14 所示为一款 CPU 散热器。

图 1-13　CPU

图 1-14　CPU 散热器

● 主板：从外观上看，主板是一块方形的电路板，其上布满了各种电子元器件、插座、插槽和各种外部接口。它可以为计算机的所有部件提供插槽和接口，并通过其中的线路统一协调所有部件的工作，如图 1-15 所示。

图 1-15　主板

● 内存：内存是计算机的内部存储器，也叫主存储器，是计算机用来临时存放数据的地方，也是 CPU 处理数据的中转站。内存的容量和存取速度直接影响 CPU 处理数据的速度。图 1-16 所示为 DDR4 内存条。

● 显卡：显卡又称为显示适配器或图形加速卡，其功能主要是将计算机中的数字信号转换成显示器能够识别的信号（模拟信号或数字信号），并将其处理和输出。显卡还可分担 CPU 的图形处理工作。显卡如图 1-17 所示，图中显卡的外面覆盖了一层散热装置，通常由散热片和散热风扇组成。

图 1-16　DDR4 内存条

图 1-17　显卡

- 硬盘：它是计算机中最大的存储设备，通常用于存放永久性的数据和程序。这里的硬盘是指机械硬盘，它是使用最广和最普遍的硬盘类型，如图 1-18 所示。另外，还有一种目前较热门的硬盘类型——固态盘（Solid State Disk，SSD），是用固态电子存储芯片阵列而制成的硬盘，如图 1-19 所示。

图 1-18　机械硬盘

图 1-19　固态盘

- 主机电源：也称电源供应器，为计算机正常运行提供所需要的动力。电源能够通过不同的接口为主板、硬盘和光驱等计算机部件提供所需电力，如图 1-20 所示。
- 机箱：安装和放置各种计算机部件的装置，它将主机部件整合在一起，并起到防止部件被损坏的作用，如图 1-21 所示。机箱的好坏直接影响主机部件的正常工作与否，且机箱还能屏蔽主机内的电磁辐射，对使用者起到一定的保护作用。

图 1-20　主机电源

图 1-21　机箱

## 2.2.2　外部设备

对普通计算机用户来说，计算机的组成其实只有两部分——计算机主机和外部设备。这里的外部设备是指显示器、鼠标和键盘这 3 个硬件。外部设备加上计算机主机，就可以进行绝大部分的计算机操作。所以，对于组装计算机，除主机外，显示器、鼠标和键盘也是必须要选购和安装的。

- 显示器：显示器是计算机的主要输出设备，它的作用是将显卡输出的信号（模拟信号或数字信号）以肉眼可见的形式表现出来。目前主要使用的显示器类型是液晶显示器，如图 1-22 所示。
- 鼠标：鼠标是计算机的主要输入设备，是随着图形操作界面而产生的，如图 1-23 所示。
- 键盘：键盘也是计算机的主要输入设备，是用户和计算机进行交流的工具，如图 1-24 所示。通过键盘，可直接向计算机输入各种字符和命令，简化计算机的操作。另外，即使不用鼠标，只用键盘也能完成计算机的基本操作。

图 1-22  液晶显示器

图 1-23  鼠标

图 1-24  键盘

## 2.2.3  周边设备

周边设备对计算机来说属于可选装硬件，也就是说不安装这些硬件也不会影响计算机的正常工作。但在安装和连接这些设备后，将增加计算机某些方面的功能。计算机的周边设备都是通过主机上的接口（主板或机箱上面的接口）连接到计算机上的。在常见的周边设备中，某些类型的声卡和网卡也可以直接安装到主机的主板上。

- 声卡：用于声音的数字信号处理，并输出到音箱或其他的声音输出设备。现在的声卡多以芯片的形式集成到主板中（也被称为集成声卡），并且具有很高的性能，只有对音效有特殊要求的用户才会购买独立声卡。图 1-25 所示为独立声卡。
- 网卡：也称为网络适配器，其功能是连接计算机和网络。同声卡一样，通常主板中都集成有网卡，一般在网络端口不够用的情况下才会安装独立的网卡。图 1-26 所示为独立的无线网卡。
- 音箱：在计算机的音频设备中的作用类似于显示器，可直接连接到声卡的音频输出接口，并将声卡传输的音频信号输出为人们可以听到的声音，如图 1-27 所示。

图 1-25  独立声卡

图 1-26  无线网卡

图 1-27  音箱

- 打印机：它是一种负责输出的周边设备，主要功能是文字和图像的打印输出。图 1-28 所示为彩色喷墨打印机。
- 扫描仪：它是一种负责输入的周边设备，主要功能是文字和图像的扫描输入，如图 1-29 所示。

图 1-28  彩色喷墨打印机

图 1-29  扫描仪

- 投影仪：投影仪又称投影机，是一种可以投射图像或视频的设备，可以通过专业的接口与计算机相连接，播放相应的视频信号。它也是一种负责输出的计算机周边设备，如图 1-30 所示。

图 1-30　投影仪

- U 盘：全称为 USB 闪存盘，它是一种使用 USB 接口的微型高容量移动存储设备，可与普通计算机实现即插即用，如图 1-31 所示。
- 移动硬盘：它是一种可以即插即用的移动存储设备，如图 1-32 所示。

图 1-31　U 盘　　　　　　　　　　　　　　　　图 1-32　移动硬盘

- 耳机：一种将音频输出为声音的周边设备，通常供个人使用，如图 1-33 所示。
- 摄像头：主要功能是为计算机提供实时的视频图像，以实现视频信息交流，如图 1-34 所示。
- 路由器：它是一种连接 Internet 和局域网的计算机周边设备，是家庭和办公局域网的必备设备，如图 1-35 所示。

图 1-33　耳机　　　　　　　　　图 1-34　摄像头　　　　　　　　　图 1-35　路由器

## 2.3 任务实施

### 2.3.1 连接鼠标和键盘

**1. 连接鼠标**

（1）把电池放入鼠标。把鼠标翻过来，找到电池盖，然后把电池盖滑开。插入电池，通常是两节 AA 电池（无线接收器使用计算机的 USB 电源，不需要电池）。

（2）连接接收器和计算机。把接收器插入计算机的 USB 接口里面。

（3）调整鼠标设置。使用鼠标自带的控制软件，或是从软件网站上下载必要的软件。调整鼠标的设置以满足需要。

**2. 连接键盘**

（1）有线键盘：找到计算机主机的键盘接口。将键盘连接线插入主机（注意不要将键盘接口接错）。

（2）无线蓝牙键盘：确认蓝牙键盘有充足电量（确认蓝牙键盘已经装上电池并且电池没有装反，并且需要确认被连接的设备电量充足，可保证连接期间不会断电）；打开需要连接设备的所有硬件和软件的蓝牙开关（有的计算机存在需要手动拨动的蓝牙开关，请确保打开）；在需要连接的设备中，找到相关蓝牙设置，等待搜索设备或自行搜索设备；搜索到相关设备后（大部分为设备名称，例如 keyboard308；有时候显示硬件地址，有时候显示为乱码。请自行分辨），单击设备开始自动连接。

### 2.3.2 连接投影仪（Windows 10 系统）

这里主要介绍 Windows 10 系统连接投影仪的方法，其他系统的连接方法可自行上网查询。

（1）打开"开始"菜单，单击"设置"。

（2）单击"系统"。

（3）单击"屏幕"。

（4）单击"多显示器"。

（5）单击"连接到无线显示器"，选择投影仪。

## 任务 3 熟悉计算机软件

软件是在计算机中供用户使用的程序。控制计算机所有硬件工作的程序集合组成软件系统。软件系统的作用主要是管理计算机和维护计算机的正常运行，以充分发挥计算机的性能。

## 3.1 任务目标

本任务将具体介绍计算机中各种类型的软件。首先介绍系统软件，然后分类介绍各种应用软件。通过本任务的学习，读者可以熟悉计算机的各种软件，并为以后安装操作系统和各种应用软件打下坚实的基础。

## 3.2 相关知识

按照功能的不同，通常可将软件分为系统软件和应用软件两种。

### 3.2.1 系统软件

从广义上讲，系统软件包括汇编程序、编译程序、操作系统、数据库管理软件等。通常所说的系统软件就是指操作系统。操作系统的功能是管理计算机的全部硬件和软件，方便用户对计算机的操作。常见的操作系统分为 Windows 系列和其他操作系统软件两个类型。

- Windows 系列：Microsoft（微软）公司的 Windows 系列系统软件是目前使用最广泛的操作系统。它采用图形化操作界面，支持网络连接和多媒体播放，支持多用户和多任务操作，兼容多种硬件设备和应用程序。图 1-36 所示为 Windows 10 操作系统的界面。

图 1-36　Windows 10 操作系统的界面

- 其他操作系统：市场上还有 UNIX、Linux、macOS 等操作系统，它们也有各自不同的应用领域。图 1-37 所示为 macOS 的界面。

操作系统的位数：Windows 操作系统的位数与 CPU 的位数相关。操作系统只是硬件和应用软件中间的一个平台，32 位操作系统针对 32 位的 CPU 设计，64 位操作系统针对 64 位的 CPU 设计。目前，64 位的操作系统只能安装应用于具有 64 位 CPU 的计算机上，辅以基于 64 位操作系统开发的软件才能发挥出最佳的性能；而 32 位的操作系统则既能安装应用于具有 32 位 CPU 的计算机上，也能安装应用于具有 64 位 CPU 的计算机上。

图 1-37　macOS 的界面

### 3.2.2　应用软件

应用软件是指一些具有特定功能的软件，如压缩软件 WinRAR、图像处理软件 Photoshop 等，这些软件能够帮助用户完成特定的任务。通常可以把应用软件分为以下几种大类，每个大类下面还分有很多小的类别，装机时可以根据自己的需要进行选择。

* 网络工具软件：网络工具软件就是为网络提供各种各样的辅助工具、增强网络功能的软件，如百度浏览器、迅雷、腾讯 QQ、Foxmail 等。

* 应用工具软件：应用工具软件是用来辅助计算机操作、提升工作效率的软件，如 Office、数据恢复精灵、WinRAR、精灵虚拟光驱、完美卸载等。

* 影音工具软件：影音工具软件就是用来编辑和处理多媒体文件的软件，如会声会影、狸窝全能视频转换器、迅雷看看播放器、QQ 音乐等。

* 系统工具软件：系统工具软件就是为操作系统提供辅助工具的软件，如硬盘分区魔术师、DiskGenius、Windows 优化大师、一键 GHOST 等。

* 行业软件：行业软件就是为各种行业设计的符合相应行业要求的软件，如饿了么商家版、里诺客户管理软件、期货行情即时看、生产管理系统等。

* 图形图像软件：图形图像软件就是专门编辑和处理图形图像的软件，如 AutoCAD、ACDSee、Photoshop 等。

* 游戏娱乐软件：游戏娱乐软件就是各种与游戏相关的软件，如 QQ 游戏大厅、游戏修改大师等。

* 教育软件：教育软件就是各种学习软件，如金山打字通、乐教乐学、驾考宝典、星火英语四级算分器等。

* 病毒安全软件：病毒安全软件就是为计算机进行安全防护的软件，如 360 安全卫士、百度杀毒软件、腾讯电脑管家等。

* 其他工具软件：如网易 MuMu、iTunes For Windows、同花顺免费炒股软件等。

## 3.3 任务实施

### 3.3.1 查看计算机中已安装的软件

单击电脑桌面左下角的"开始"按钮，然后单击"设置"，在弹出的窗口中单击"应用"，就会弹出已安装软件的列表。

### 3.3.2 计算机软件的卸载与安装

卸载：紧接上述步骤，找到并选择要卸载的软件，会弹出"卸载"按钮，单击该按钮会弹出提示框，单击提示框中的"卸载"即可进入卸载进程。

安装：通过网络搜索需要的软件；打开网页，找到并下载安装程序；打开文件夹，找到下载好的安装程序；运行安装程序，选择安装目录进行安装。

## 实训 1.1 开关计算机

按照正确的开机步骤启动计算机、按照正确的关机步骤关闭计算机，对延长计算机使用寿命是非常重要的。通过实训，掌握启动和关闭计算机的操作步骤。

启动计算机主要分为连接电源、启动电源、进入操作系统 3 个步骤，具体操作步骤如下。

（1）将电源插线板的插头插入交流电插座中。

（2）将主机电源线插头插入插线板中，用同样的方法插好显示器电源线插头，打开插线板上的电源开关。

（3）找到显示器的电源开关，按下接通电源。

（4）按下机箱上的电源开关，启动计算机。

（5）计算机开始对硬件进行检测，并显示检测结果，然后进入操作系统。

关闭计算机的具体操作步骤如下。

（1）单击桌面左下角的"开始"按钮，在弹出的"开始"菜单中单击"关机"按钮退出操作系统，关闭计算机。

（2）按下显示器的电源开关，关闭插线板上的电源开关，拔出插线板电源插头。

## 实训 1.2  查看计算机硬件组成及线路连接

本实训是通过打开计算机的机箱查看内部结构，并分辨计算机硬件的组成和线路的连接。完成本实训主要包括拆卸连线、打开机箱、查看硬件 3 个步骤，具体操作过程如下。

（1）关闭主机电源开关，拔出机箱电源线插头，将显示器的电源线和数据线拔出。

（2）先将显示器的数据线插头两侧的螺钉固定把手拧松，再将数据线插头向外拔出。

（3）将鼠标连接线插头从机箱后的接口上拔出，并使用同样的方法将键盘插头拔出。

（4）如果计算机中还有一些使用 USB 接口的设备，如打印机、摄像头、扫描仪等，还需拔出相应的 USB 连接线。

（5）将音箱的音频连接线从机箱后的音频输出插孔上拔出，如果连接了有线网络还需要将网线插头拔出，完成计算机外部连接的拆卸工作。

（6）用十字螺丝刀拧下机箱的固定螺钉，取下机箱盖。

（7）观察机箱内部各种硬件以及它们的连接情况。在机箱内部的上方，靠近后侧的是主机电源，其通过螺钉固定在机箱上。主机电源分出的电源线，分别连接到各个硬件的电源接口。

（8）在主机电源对面，机箱驱动器架的上方是光盘驱动器，通过数据线连接到主板上，光盘驱动器的另一个接口用来插从主机电源线中分出来的 4 针电源插头。在机箱驱动器下方通常安装的是硬盘，和光盘驱动器相似，它也通过数据线与主板连接。

（9）在机箱内部最大的硬件是主板，从外观上看，主板是一块方形的电路板，上面有 CPU、显卡和内存等计算机硬件，以及主机电源线和机箱面板按钮连线等。

### 课后练习

#### 1. 实践题

（1）切断计算机电源，将计算机的机箱盖打开，了解 CPU、显卡、内存、硬盘、电源等设备的安装位置，观察其中各种线路的连接规律，最后将机箱盖安装回机箱上。

（2）启动计算机，通过"开始"菜单了解计算机中安装的应用软件有哪些。试着打开其中的某个软件，观察打开的窗口的结构。

（3）列举出计算机的主要硬件，并简述其功能。

#### 2. 选择题

（1）冯·诺依曼体系结构的计算机包含运算器、控制器、（　　）、输入设备、输出设备五大部件。

　　A. CPU　　　　　　　　B. 内存　　　　　　　　C. 存储器　　　　　　　　D. SQL

（2）数据库管理系统属于（　　）。

　　A. 应用软件　　　　　B. 办公软件　　　　　C. 播放软件　　　　　D. 系统软件

（3）下列属于内部存储器的是（　　）。

    A．内存　　　　　　　B．光驱　　　　　　　C．软盘　　　　　　　D．硬盘

## 技能提升

### 1. DIY

DIY（Do It Yourself）译为"自己动手做"。DIY 原本是个动词短语，却往往被当作形容词使用，意指"自助的"。组装计算机是每一个喜欢计算机的人都希望学会的一项技能，通常也把这个过程称为 DIY。DIY 可以说是从组装计算机开始的。在 DIY 的概念形成之后，也渐渐兴起许多与其相关的周边产业，越来越多的人开始思考如何让 DIY 融入生活。DIY 的计算机可在一定程度上为用户省却一些费用，并帮助用户进一步了解计算机的组成，真正认识和深入地了解计算机。

### 2. 主机电源开关上的两个符号

现在大部分的计算机电源都具备开关，只有打开才能为主机供电。开关上的"1"表示打开，"0"表示关闭。

### 3. 组装台式计算机需要选购的硬件设备

组装台式计算机时，需要选购的硬件设备有主板、CPU、内存、硬盘、机箱、电源、显示器、鼠标、键盘。对于显卡、声卡、网卡等设备，除了可以单独选购外，也可以选购自带显卡、声卡、网卡功能的主板。如果计算机要连入 Internet，计算机中至少需要一块网卡或自带网卡功能的主板。

# 项目2
## 选配计算机硬件

**02**

## 【情景导入】

对计算机用户和维修人员来说，都需要了解计算机的实际物理结构，即组成计算机的各个部件。在许多人眼里，计算机是比较精密的设备，使用多年也不敢打开看看机箱里到底有什么。其实，计算机的结构并不复杂，只要了解它是由哪些部件组成的，各部件的功能是什么，就可以更好地选购计算机各部件。

本项目主要介绍计算机各个硬件及选购注意事项，带领读者初步认识硬件并了解选购有关知识。

## 【学习目标】

### 【知识目标】

- 认识和选购主板。
- 认识和选购 CPU。
- 认识和选购内存。
- 认识和选购机械硬盘。
- 认识和选购固态盘。
- 认识和选购显卡。
- 认识和选购显示器。
- 认识和选购机箱及电源。
- 认识和选购鼠标及键盘。
- 认识和选购周边设备。
- 认识常见笔记本电脑的类型与品牌。
- 掌握笔记本电脑的选购原则与方法。

### 【技能目标】

- 会设计计算机组装方案。
- 会在网上模拟装配计算机。

### 【素质目标】

- 加强爱国主义教育、弘扬爱国精神。
- 培养自我学习的能力和习惯。
- 培养团队互助的意识、加强动手能力。

## 【知识导览】

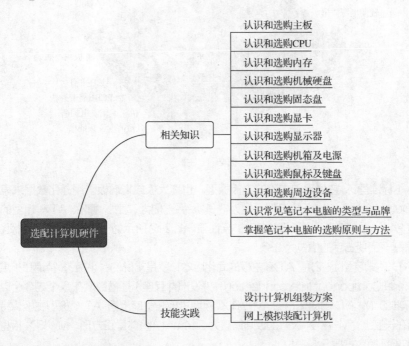

选配计算机硬件
- 相关知识
  - 认识和选购主板
  - 认识和选购CPU
  - 认识和选购内存
  - 认识和选购机械硬盘
  - 认识和选购固态盘
  - 认识和选购显卡
  - 认识和选购显示器
  - 认识和选购机箱及电源
  - 认识和选购鼠标及键盘
  - 认识和选购周边设备
  - 认识常见笔记本电脑的类型与品牌
  - 掌握笔记本电脑的选购原则与方法
- 技能实践
  - 设计计算机组装方案
  - 网上模拟装配计算机

## 任务 4　认识和选购主板

主板的主要功能是为计算机中其他部件提供插槽和接口，计算机中的所有硬件通过主板直接或间接地组成了一个工作的平台。通过这个平台，用户才能进行计算机的相关操作。

### 4.1　任务目标

本任务将介绍主板的类型、结构和主要性能参数，并介绍选购主板的相关注意事项。通过本任务的学习，可以迅速了解并掌握选购主板的方法。

### 4.2　相关知识

从外观上看，主板是计算机中最复杂的设备，几乎所有的计算机硬件都通过主板进行连接。所以主板是机箱中最重要的一块电路板。

#### 4.2.1　认识主板

主板（Mainboard）也称为母板（Motherboard）或系统板（Systemboard），如图 2-1 所示。主板上安装了组成计算机的主要电路系统，包括各种芯片、各种控制开关接口、各种直流电源供电接插件、各种插槽等。

**1. 类型**

主板的类型有很多，分类方法也不同，可以按照 CPU 插槽类型、支持平台类型、控制芯片组类型、印制电路板的工艺等进行分类。以常用的板型分类，主板主要有 ATX、M-ATX、E-ATX 和 Mini-ITX 这 4 种类型。

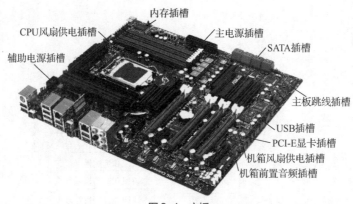

图2-1　主板

- ATX（标准型）：它是目前主流的主板板型，也称大板或标准板。用量化数据来表示，以背部I/O（Input/Output，输入输出）接口那一侧为"长"，另一侧为"宽"，那么 ATX 板型的尺寸就是长305mm、宽244mm。其特点是插槽较多，扩展性强。图2-2 所示为一款标准的 ATX 板型主板，其拥有 7 条扩展插槽，而所占用的槽位为 8 条。

- M-ATX（紧凑型）：它是 ATX 主板的简化版本，就是常说的"小板"，特点是扩展插槽较少，PCI（Peripheral Component Interconnection，外设部件互连）插槽数量在 3 个或 3 个以下。图2-3 所示为一款标准的 M-ATX 板型主板。M-ATX 板型主板在宽度上同 ATX 板型主板保持了一致，为244mm；而在长度上，M-ATX 板型主板则缩短为 244mm，整体呈正方形。M-ATX 板型的量化数据为标配 4 条扩展插槽，占据 5 条槽位。

图2-2　ATX 板型主板

图2-3　M-ATX 板型主板

- E-ATX（加强型）：随着多通道内存模式的发展，需要一些主板配备支持 3 通道 6 条内存插槽，或者配备支持 4 通道 8 条内存插槽，这对于宽度最多 244mm 的 ATX 板型主板都很吃力，所以需要增加 ATX 板型主板的宽度，这就产生了加强型 ATX 板型主板——E-ATX。图 2-4 所示为一款标准的E-ATX 板型主板。E-ATX 板型主板的长度保持为 305mm，而宽度则有多种尺寸，多用于服务器或工作站计算机中。

- Mini-ITX（迷你型）：这种板型依旧是基于 ATX 架构规范设计的，主要支持用于小空间的计算机，如用在汽车、机顶盒和网络设备中。图2-5 所示为一款标准的 Mini-ITX 板型主板。Mini-ITX 板型主板尺寸为 170mm×170mm（在 ATX 构架下几乎已经做到最小），由于面积所限，只配备了 1 条扩展插槽，占据 2 条槽位。另外，还提供了 2 条内存插槽。这几点就构成了 Mini-ITX 板型主板最明显的特征。Mini-ITX 板型主板最多支持双通道内存和单显卡运行。

图 2-4　E-ATX 板型主板

图 2-5　Mini-ITX 板型主板

#### 2. 主板上的芯片

主板上的重要芯片包括 BIOS 芯片、芯片组、集成声卡芯片、集成网卡芯片等。

● BIOS 芯片：BIOS（Basic Input/Output System，基本输入输出系统）芯片是一块矩形的存储器，里面存有与该主板搭配的基本输入输出系统程序，能够让主板识别各种硬件，还可以设置引导系统的设备和调整 CPU 外频等。BIOS 芯片是可以写入的，可方便用户更新 BIOS 的版本。BIOS 芯片如图 2-6 所示。CMOS（Complementary Metal-Oxide-Semiconductor，互补金属氧化物半导体）电池的主要作用是在计算机关机的时候保持 BIOS 设置不丢失，当电池电力不足的时候，BIOS 里面的设置会自动还原回出厂设置。CMOS 电池如图 2-7 所示。

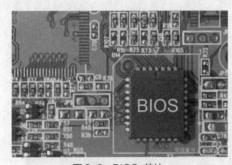

图 2-6　BIOS 芯片

图 2-7　CMOS 电池

● 芯片组：芯片组（Chipset）是主板的核心组成部分，通常由南桥（South Bridge）芯片和北桥（North Bridge）芯片组成，以北桥芯片为核心。北桥芯片主要负责处理 CPU、内存和显卡三者间的数据交流，南桥芯片则负责硬盘等存储设备和 PCI 总线之间的数据流通。现在大部分的主板都将南、北桥芯片封装到一起形成一个芯片组，提高了芯片的性能。图 2-8 所示为封装的芯片组。

图 2-8　封装的芯片组

- 集成声卡芯片：芯片中集成了声音的主处理芯片和解码芯片，代替声卡处理计算机音频，如图 2-9 所示。
- 集成网卡芯片：整合了网络功能的主板所集成的网卡芯片，不占用独立网卡所占用的 PCI 插槽或 USB 接口，能实现良好的兼容性和稳定性，如图 2-10 所示。

图 2-9　集成声卡芯片

图 2-10　集成网卡芯片

### 3. 扩展槽

扩展槽主要是指主板上能够用来进行拔插的配件，这部分的配件可以用"插"来安装，用"拔"来反安装，主要包括以下配件。

- PCI-Express 插槽：PCI-Express（简称 PCI-E）插槽即显卡插槽，目前的主板上大都配备的是 3.0 版本。插槽越多，其支持的模式也就可能越多，越能够充分发挥显卡的性能。目前 PCI-E 的规格包括 x1、x4、x8 和 x16。x16 代表的是 16 条 PCI 总线，PCI 总线直接可以协同工作，x16 就代表 16 条总线可同时传输数据（简单理解就是数值越大性能越好）。图 2-11 所示为主板上的 PCI-E 插槽。

图 2-11　PCI-E 插槽

- SATA 插槽：SATA（Serial Advanced Technology Attachment，串行先进技术总线附属）插槽又称为串行插槽。SATA 插槽以连续串行的方式传送数据，主要用于连接机械硬盘和固态盘等设备，能够在计算机使用过程中进行拔插。图 2-12 所示为主流的 SATA 3.0 插槽，目前大多数的机械硬盘和一些固态盘都使用这种插槽，带宽为 6Gbit/s（折算成传输速度大约为 750MB/s）。

- M.2 插槽：最近比较热门的一种存储设备插槽，其带宽大（M.2 socket 3 的带宽可达到 32Gbit/s，折算成传输速度大约为 4GB/s），数据传输速度快，且占用空间小，主要用于连接比较高端的固态盘产品，如图 2-13 所示。

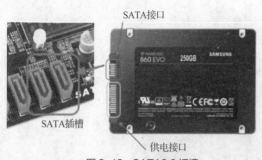

图 2-12　SATA3.0 插槽

图 2-13　M.2 插槽

- CPU 插槽：用于安装和固定 CPU 的专用扩展槽，根据主板支持的 CPU 的不同而不同，主要表现在 CPU 背面各电子元件的不同布局。CPU 插槽通常由固定罩、固定杆和 CPU 插座 3 个部分组成。在安装 CPU 前需通过固定杆将固定罩打开，将 CPU 放置在 CPU 插座上，再合上固定罩，并用固定杆固定 CPU，然后安装 CPU 的散热片或散热风扇。另外，CPU 插槽的型号与 CPU 接口类型一致，比如 LGA 1151 接口的 CPU 需要对应安装在主板的 LGA 1151 插槽上。图 2-14 所示为 Intel LGA 2011-v3 的 CPU 插槽。

图 2-14　CPU 插槽

- 内存插槽：内存插槽即 DIMM（Dual In-Line Memory Modules，双列直插式内存组件）插槽，是主板上用来安装内存的，如图 2-15 所示。由于主板芯片组不同，内存插槽支持的内存类型也不同，不同的内存插槽在引脚数量、额定电压和性能方面有很大的区别。
- 主电源插槽：主电源插槽的功能是提供主板电能。通过将电源的供电插头插入主电源插槽，即可为主板上的设备提供正常运行所需要的电能。主电源插槽目前大都是通用的 20+4 针供电，通常位于主板的长边的中部，如图 2-16 所示。

图 2-15　内存插槽

图 2-16　主电源插槽

- 辅助电源插槽：辅助电源插槽的功能是为 CPU 提供辅助电源，所以也被称为 CPU 供电插槽。目前的 CPU 供电都是由 8 针插槽提供的，也可能会采用比较老的 4 针插槽，这两种插槽是兼容的。图 2-17 所示为主板上的两种辅助电源插槽。

图 2-17　辅助电源插槽

- CPU 风扇供电插槽：顾名思义，这种插槽的功能是为 CPU 散热风扇提供电源，有些主板只有在 CPU 散热风扇的供电插头插入该插槽后才允许启动计算机。通常在主板上，这种插槽通常会被标记为 CPU_FAN。
- 机箱风扇供电插槽：这种插槽的功能是为机箱的散热风扇提供电源，通常在主板上，这种插槽通常会被标记为 CHA_FAN。
- USB 插槽：它的主要用途是为机箱上的 USB 接口提供数据连接，目前主板上主要有 3.0 和 2.0 两种规格的 USB 插槽。USB 3.0 插槽中共有 19 枚针脚，右上角部位缺一个针，下方中部有防呆缺口，与插头对应。USB 2.0 插槽中则只有 9 枚针脚，右下方的针脚缺失。
- 机箱前置音频插槽：许多机箱的前面板都会有耳机和麦克风的接口，使用起来更加方便，其在主板上有对应的跳线插槽。这种插槽中有 9 枚针脚，上排右二缺失。一般被标记为 AAFP，位于主板集成声卡芯片附近。
- 主板跳线插槽：主要用途是为机箱面板的指示灯和按钮提供控制连接，一般是双行针脚，主要有电源开关插槽（通常被标记为 PWR-SW，两个针脚，通常无正负之分）、复位开关插槽（通常被标记为 RESET，两个针脚，通常无正负之分）、电源指示灯插槽（通常被标记为 PWR-LED，两个针脚，通常为左正右负）、硬盘指示灯插槽（通常被标记为 HDD-LED，两个针脚，通常为左正右负）、扬声器插槽（通常被标记为 SPEAKER，4 个针脚），如图 2-18 所示。

图 2-18　主板跳线插槽

#### 4. 对外接口

主板的对外接口也是主板非常重要的组成部分，通常位于主板的侧面，如图 2-19 所示。通过对外接口，可以将计算机的外部设备和周边设备与主机连接起来。对外接口越多，可以连接的设备也就越多。下面详细介绍主板的对外接口。

图 2-19　对外接口

- 功能按钮：有些主板的对外接口存在功能按钮，一个是刷写 BIOS（BIOS FlashBack）按钮，按下后重启计算机就会自动进入 BIOS 刷写界面；另一个则是清除 CMOS（Clr CMOS）按钮，有时候由于更换硬件或者设置错误造成的无法开机故障可以通过按清除 CMOS 按钮来修复。
- USB 接口：最常见的连接该接口的设备是 USB 键盘、鼠标以及 U 盘等。当前的很多主板上都有 3 个规格的 USB 接口，一般黑色的为 USB 2.0 接口，蓝色的为 USB 3.0 接口，红色的为 USB 3.1 接口。
- Type USB 接口：上面的 3 种 USB 接口也被称作 Type-A 型接口，是目前最常见的 USB 接口；然后是 Type-B 型接口，有些打印机或扫描仪等输入输出设备常采用这种 USB 接口；目前流行的 Type-C 型接口，最大的特色是正反都可以插，传输速度也非常高，许多智能手机也采用了这种 USB 接口。
- RJ45 接口：也就是网络接口，俗称水晶头接口，主要用来连接网线。有的主板为了体现用的是 Intel 千兆网卡，会将 RJ45 接口设置为蓝色或红色。
- 外置天线接口：这种接口就是专门为了连接外置天线准备的。外置天线接口在连接好外置天线后，可以通过主板预装的无线模块支持 Wi-Fi 和蓝牙。
- 音频接口：一组主板上比较常见的五孔-光纤音频接口。上排的 SPDIF OUT 就是光纤输出端口，可以将音频信号以光信号的形式传输到声卡等设备；REAR 为 5.1 或者 7.1 声道的后置环绕左右声道接口；C/SUB 为 5.1 或者 7.1 多声道音箱的中置声道和低音声道。下排的 MIC IN 为麦克风接口，通常为粉色；LINE OUT 为音响或者耳机接口，通常为浅绿色；LINE IN 为音频设备的输入接口，通常为浅蓝色。
- PS/2 接口：有些主板的对外接口还保留着双色 PS/2 接口。这种接口单一支持键盘或者鼠标的话会呈现单色（通常键盘接口为紫色，鼠标接口为绿色），接口为双色并且伴有键鼠 Logo 的就是键鼠两用。

### 4.2.2　主要性能指标

主板的性能指标是选购主板时需要认真查看的项目，主要有以下 5 个方面。

#### 1. 芯片

主板芯片是衡量主板性能的主要指标之一，包含以下 4 个方面的内容。

- 芯片厂商：主要有 Intel 和 AMD。
- 芯片组结构：通常都是由北桥和南桥芯片组成的，也有南、北桥合一的芯片组。

- 芯片组型号：不同的芯片组性能不同，价格也不同。Intel H77 芯片组如图 2-20 所示。

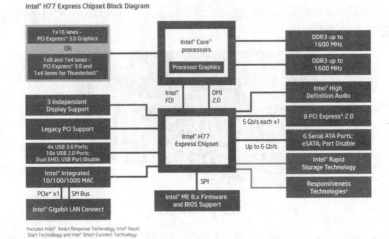

图 2-20　Intel H77 芯片组

- 集成芯片：主板可以集成显示、音频、网络等芯片。

### 2. CPU 规格

相对来说，CPU 越好计算机的性能就越好，但也需要主板的支持。主板如果不能完全发挥 CPU 的性能，就会相对影响计算机的性能。因此 CPU 的规格也是主板的主要性能指标之一，它包含以下 3 个内容。

- CPU 平台：主要有 Intel 和 AMD 两种。
- CPU 类型：CPU 的类型很多，即便是同一种类型，其运行速度也有所差别。
- CPU 插槽：不同类型的 CPU 对应主板的插槽不同。

### 3. 内存规格

内存规格也是主板的主要性能指标之一，包含以下 4 个内容。

- 最大内存容量：内存容量越大，能同时处理的数据就越多。
- 内存类型：现在的内存类型主要有 DDR3 和 DDR4 两种，主流为 DDR4，其数据传输能力比 DDR3 强。
- 内存插槽：插槽越多，可安装的内存则越多。
- 内存通道：通道技术其实是一种内存控制和管理技术，如双通道技术在理论上能够使两条同等规格内存所提供的带宽增长一倍。目前主要有双通道、三通道和四通道这 3 种模式。

### 4. 扩展插槽

扩展插槽的数量也会影响主板的性能，包含以下两个内容。

- PCI-E 插槽：插槽越多，其支持的模式也可能越多，越能够充分发挥显卡的性能。
- SATA 插槽：插槽越多，能够安装的 SATA 设备则越多。

### 5. 其他性能

以下主板性能指标，在选购主板时也需要注意。

- 对外接口：对外接口越多，能够连接的外部设备和周边设备就越多。
- 供电模式：主板多相供电模式能够提供更大的电流，可以降低供电电路的温度，而且利用多相供电获得的核心电压信号也比少相的稳定。
- 主板板型：板型能够决定安装设备的多少和机箱的大小，以及计算机升级的可能。

- 电源管理：主板对电源的管理目的是节约电能，保证计算机的正常工作。具有电源管理功能的主板性能一般比普通主板好。
- BIOS 性能：现在大多数主板的 BIOS 芯片采用 Flash ROM（Read-Only Memory，只读存储器），其是否能方便升级及是否具有较好的防病毒能力是主板的重要性能指标之一。
- 多显卡技术：主板中并不是显卡越多，显示性能就越好，还需要主板支持多显卡技术。现在的多显卡技术包括 NVIDIA 的多路 SLI 技术和 ATI 的 CrossFire 技术。

### 4.2.3 选购注意事项

主板的性能关系着整台计算机能否稳定地工作，在计算机中的作用相当重要。因此，对主板的选购绝不能马虎，选购时需要注意以下事项。

**1. 考虑用途**

选购主板的第一步应该是根据用户的用途进行选择，但要注意主板的可扩展性和稳定性。如游戏爱好者或图形图像设计人员，需要选择价格较高的高性能主板；如果平常使用计算机主要进行文档编辑、上网、打字、看电影等，则可选购性价比较高的中低端主板。

**2. 注意可扩展性**

由于不需要主板的升级，所以应把可扩展性作为优先考虑的问题。可扩展也就是通常所说的可给计算机升级或增加部件，如增加内存或电视卡，更换速度更快的 CPU 等。这就需要主板上有足够多的扩展插槽。

**3. 对比性能指标**

主板的性能指标非常容易获得。选购时，可以在同样的价位下对比不同主板的性能指标，或者在同样的性能指标下对比不同价位的主板。这样就能获得性价比较高的产品。

**4. 鉴别真伪**

下面介绍一些鉴别假冒主板的方法。

- 芯片组：正品主板芯片上的标识清晰、整齐、印刷规范。
- 电容器：正品主板为了保证产品质量，一般采用正规的大容量电容器。
- 产品标识：主板上的产品标识一般粘贴在 PCI 插槽上，正品主板标识印刷清晰，会有厂商名称的缩写和序列号等。
- 输入输出接口：每个主板都有输入输出接口，正品主板接口上一般可看到提供接口的厂商名称。
- 布线：正品主板上的布线都经过专门设计，一般比较均匀美观，不会出现一个地方布线密集而另一个地方布线稀疏的情况。
- 焊接工艺：正品主板焊接到位，一般不会有虚焊或焊锡过于饱满的情况，贴片电容器是机械化自动焊接的，比较整齐。

## 4.3 任务实施

### 4.3.1 辨别主板的质量

主板是计算机最基本也是最重要的部件之一，价格也相对较高，因此其质量好坏十分重要。为了买到质量有保障的主板，选购时可主要关注以下几点。

（1）主板的品牌

主板作为 CPU、内存、显卡等的载体，其稳定性一定要高。所以当我们选购主板时不要被表面花哨的颜色所吸引，一定要选购知名度和信誉度高的生产厂家。

（2）主板的层数

主板大都是4层板或6层板。如果价位相同的话，还是选购层数多的主板为好。到底是4层板还是6层板，一般凭肉眼很难辨别。不过有的主板可以对着强光，观察出其中的层次。

（3）主板元件的质量

内存插槽、电容、保险电阻、电压调整电路元件等都是主板上较重要的元件，且极大地影响着使用体验。总体来说，选择规模大、实力强的厂家生产的主板元件，可靠性相对有保障。

### 4.3.2 查看主板的基本信息（以 Windows 10 教育版为例）

查看主板的基本信息的方法如下。

- 安装应用程序"腾讯电脑管家"。
- 在"开始"菜单栏中找到并打开"腾讯电脑管家"。
- 在首页单击左侧目录栏中的"工具箱"。
- 在"工具箱"界面单击菜单栏中的"其他"。
- 在"其他"面板中选择"硬件检测"。
- 选择"主板信息"，稍等即可检测完成，然后就能看到主板的基本信息了。

## 任务5  认识和选购 CPU

CPU 既是计算机的指令中枢，也是系统的最高执行单位。认识和选购 CPU 对组装计算机非常重要。

### 5.1  任务目标

本任务将介绍 CPU 的外观、CPU 的主要性能指标，并介绍选购 CPU 的注意事项。通过本任务的学习，可以全面了解 CPU，并学会如何选购 CPU。

### 5.2  相关知识

下面就分别介绍 CPU 的外观、主要性能指标和选购注意事项的相关知识。

### 5.2.1  外观

CPU 在整个计算机系统中就像人的大脑一样，是整个计算机系统的指挥中心。它的主要功能是负责执行系统指令、数据存储、逻辑运算、传输并控制输入或输出操作指令。CPU 的外观如图 2-21 所示。从外观上看，CPU 主要分为正面和背面两个部分。由于 CPU 的正面刻有各种产品参数，所以也称为参数面；CPU 的背面主要是与主板上的 CPU 插槽接触的触点，所以也被称为安装面。

图 2-21  CPU 的外观（正面）

- 防误插缺口：防误插缺口是在 CPU 边上的半圆形缺口，它的功能是防止在安装 CPU 时，由于方向错误造成损坏。
- 防误插标记：防误插标记则是 CPU 一角上的小三角形标记，功能与防误插缺口一样。在 CPU 的两面通常都有防误插标记。
- 产品二维码：CPU 上的产品二维码是 DataMatrix 二维码。它是一种矩阵式二维条码，其最小尺寸是目前所有条码中最小的，可以直接印刷在实体上，主要用于 CPU 的防伪和产品统筹。

## 5.2.2 主要性能指标

CPU 的性能指标直接反映计算机的性能，所以这些指标既是选择 CPU 的理论依据，也是深入学习计算机应用的关键。下面对其主要指标进行介绍。

### 1. 生产厂商

CPU 的生产厂商主要有 Intel、AMD、威盛（VIA）、龙芯（Loongson），市场上主要销售的是 Intel 和 AMD 的产品。

- Intel（英特尔）：该公司是全球领先的半导体芯片制造商，从 1968 年成立至今已有 50 多年的历史。目前主要有奔腾（Pentium）双核，酷睿（Core）i3、i5、i7 和 i9，凌动（移动 CPU）等系列的 CPU 产品。Intel 公司生产的 CPU，以处理器"Intel 酷睿 i5-3570K"为例，其中的"Intel"代表公司名称；"酷睿 i5"代表 CPU 系列；"3570K"中，"3"代表它是该系列 CPU 的第三代产品，"570"是产品代码，"K"代表该 CPU 没有锁住倍频。
- AMD（超威）：该公司成立于 1969 年，是全球知名微处理器芯片供应商，多年来 AMD 公司一直是 Intel 公司的强劲对手。目前主要产品有闪龙（Sempron），速龙（Athlon）和速龙 I，羿龙（Phenom），APU A4、A6、A8、A10 和 A12 系列，以及推土机（AMD FX）系列等 CPU。AMD 公司生产的 CPU，以处理器号"AMD 速龙 I X4 730"为例，其中的"AMD"代表公司名称；"速龙 I"代表 CPU 系列；"X4"代表它是 4 核心的产品，"730"代表 CPU 的型号。

### 2. 频率

CPU 频率是指 CPU 的时钟频率，即 CPU 运算时的工作频率（1 秒内发生的同步脉冲数）。CPU 的频率代表了 CPU 的实际运算速度，单位有 Hz、kHz、MHz、GHz。理论上，CPU 的频率越高，CPU 的运算速度也就越快，CPU 的性能也就越好。CPU 实际频率与 CPU 的外频和倍频有关，其计算公式为：实际频率=外频×倍频。

- 外频：外频是 CPU 与主板之间同步运行的频率，即 CPU 的基准频率。
- 倍频：倍频是 CPU 实际频率与系统外频之间的差距参数，也称为倍频系数。在相同的外频条件下，倍频越高，CPU 的实际频率就越高。

睿频：这是一种智能提升 CPU 频率的技术，是指当启动一个运行程序后，处理器会自动加速到合适的频率，而原来的运行速度会提升 10%～20%，以保证程序流畅运行。Intel 的睿频技术叫作 TB（Turbo Boost），AMD 的睿频技术叫作 TC（Turbo Core）。比如，某款 CPU 基本频率为 4.0GHz，最大睿频可以到达 4.2GHz。

### 3. 核心

CPU 的核心又称为内核，是 CPU 最重要的组成部分。CPU 中心隆起部分的芯片就是核心，是由单晶硅以一定的生产工艺制造出来的，如图 2-22 所示。CPU 所有的计算、接收/存储命令和处理数据都由核心完成，所以，核心的产品规格会显示出 CPU 的性能优劣。体现 CPU 性能且与核心相关的参数主要有以下 4 种。

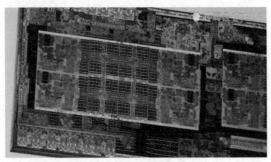

图2-22　CPU 的核心

- 核心数量：过去的 CPU 只有一个核心，现在则有 2 个、3 个、4 个、6 个、8 个甚至更多个核心，这归功于 CPU 多核心技术的发展。多核心是指基于单个半导体的一个 CPU 上拥有多个一样功能的处理器核心，即将多个物理处理器核心整合入一个核心中。并不是说核心数量决定了 CPU 的性能，多核心 CPU 的性能优势主要体现在多任务的并行处理，即同一时间处理两个或多个任务，但这个优势需要软件优化才能体现出来。例如，如果某软件支持类似多任务处理技术，双核心 CPU（假设主频是 2.0GHz）可以在处理单个任务时，两个核心同时工作，一个核心只需处理一半任务就可以完成工作，这样的效率可以等同于一个 4.0GHz 主频的单核心 CPU 的效率。
- 线程数：线程是 CPU 运行中程序的调度单位。通常所说的多线程是指可通过复制 CPU 上的结构状态，让同一个 CPU 上的多个线程同步执行并共享 CPU 的执行资源，可最大限度提高 CPU 运算部件的利用率。线程数越多，CPU 的性能也就越好。但需要注意的是，线程数这个性能指标通常只用在 Intel 的 CPU 产品中，如 Intel 酷睿三代 i7 系列的 CPU 基本上都是 8 线程和 12 线程的产品。
- 核心代号：核心代号也可以看成 CPU 的产品代号，即使是同一系列的 CPU，其核心代号也可能不同。比如，Intel 的 CPU 的核心代号有 Trinity、Sandy、Bridge、Ivy Bridge、Haswell、Broadwell 和 Skylake 等，AMD 的 CPU 核心代号有 Richland、Trinity 和 Zambezi 等。
- 热设计功耗：TDP 的英文全称是 Thermal Design Power，是指 CPU 的最终版本在满负荷（CPU 利用率为理论设计的 100%）可能会达到的最高散热量。散热器必须保证在 TDP 最大的时候，CPU 的温度仍然在设计范围之内。随着现在多核心技术的发展，同样核心数量下，TDP 越小性能越好。目前的主流 CPU 的 TDP 值有 15W、35W、45W、55W、65W、77W、95W、100W 和 125W 等。

### 4．缓存

缓存是指可进行高速数据交换的存储器。它先于内存与 CPU 进行数据交换，速度极快，所以又被称为高速缓存。缓存的结构和大小对 CPU 运行速度的影响非常大，CPU 缓存的运行频率极高，一般是和处理器同频运作，工作效率远远大于系统内存和硬盘。CPU 缓存一般分为 L1、L2 和 L3。当 CPU 要读取一个数据时，首先从 L1 缓存中查找，没有找到再从 L2 缓存中查找，若还是没有找到则从 L3 缓存或内存中查找。一般来说，每级缓存的命中率大概为 80%，也就是说全部数据量的约 80% 都可以在 L1 缓存中找到，由此可见 L1 缓存是整个 CPU 缓存架构中最为重要的部分。

- L1 缓存：也叫一级缓存，位于 CPU 内核的旁边，是与 CPU 结合最为紧密的 CPU 缓存，也是历史上最早出现的 CPU 缓存。由于一级缓存的技术难度和制造成本最高，提高容量所带来的技术难度和成本增加非常大，所带来的性能提升却不明显，性价比很低，因此一级缓存是所有缓存中容量最小的。
- L2 缓存：也叫二级缓存，主要用来存放计算机运行时操作系统的指令、程序数据和地址指针等数据。L2 缓存容量越大，系统的运行速度越快，因此 Intel 与 AMD 等公司都尽量加大 L2 缓存的容量，并使其与 CPU 在相同频率下工作。

- L3 缓存：也叫三级缓存，分为早期的外置和现在的内置。实际作用是进一步降低内存延迟，同时提升大数据量计算时处理器的性能。降低内存延迟和提升大数据量计算能力对运行大型场景文件很有帮助。

### 5. 处理器显卡

处理器显卡（也被称为核心显卡）技术是新一代的智能图形核心技术，它把 GPU 整合在智能 CPU 当中，依托 CPU 强大的运算能力和智能能效调节设计，在更低功耗下实现同样出色的图形处理性能和流畅的应用体验。在处理器中整合显卡，这种设计上的整合可大大缩减处理核心、图形核心、内存及内存控制器间的数据周转时间，有效提升处理效能并大幅降低芯片组整体功耗，有助于缩小核心组件的尺寸。通常情况下，Intel 的处理器显卡会在安装独立显卡时自动停止工作；如果是 AMD 的 APU（Accelerated Processing Unit，加速处理器），在 Windows 7 及更高版本操作系统中，当安装了合适型号的 AMD 独立显卡，经过设置，可以实现处理器显卡与独立显卡混合交火（意思是计算机进行自动分工，"小事"让能力弱的处理器显卡处理，"大事"让能力强的独立显卡去处理）。目前 Intel 的各种系统的 CPU 和 AMD 的 APU 系列中都有整合了处理器显卡的产品。

### 6. 接口类型

CPU 需要通过某个接口与主板连接才能进行工作。经过多年的发展，CPU 采用的接口类型有引脚式、卡式、触点式、针脚式等。而目前 CPU 的接口类型都是针脚式接口，对应到主板上有相应的插槽类型。CPU 接口类型不同，其插孔数、体积、形状都有变化，所以不能互相接插。目前常见的 CPU 接口类型分为 Intel 和 AMD 两个系列。

- Intel：包括 LGA 2011-v3、LGA 2011、LGA 1151、LGA 1150、LGA 1155 等。
- AMD：接口类型多为插针式，包括 Socket AM3+、Socket AM3、Socket FM2+、Socket FM2、Socket FM1。图 2-23 所示为 CPU 不同类型的接口。

图 2-23　CPU 不同类型的接口

### 7. 内存控制器与虚拟化技术

内存控制器（Memory Controller）是计算机系统内部控制内存、使内存与 CPU 交换数据的重要组成部分。虚拟化技术（Virtualization Technology，VT）是指将单台计算机软件环境分割为多个独立分区，每个分区均可以按照需要模拟计算机的技术。这两个因素都将影响 CPU 的工作性能。

- 内存控制器：决定了计算机系统所能使用的最大内存容量、内存类型和速度、内存颗粒数据深度和数据宽度等重要参数，即决定了计算机系统的内存性能，从而对计算机系统的整体性能产生较大影响。所以，CPU 的产品规格应该包括该 CPU 所支持的内存类型。
- 虚拟化技术：虚拟化有传统的纯软件虚拟化方式（不需要 CPU 支持虚拟化技术）和硬件辅助虚拟化方式（需 CPU 支持虚拟化技术）两种。纯软件虚拟化运行时的开销会造成系统运行速度较慢，所以，支持虚拟化技术的 CPU 在基于虚拟化技术的应用中，效率将会明显比不支持硬件虚拟化技术的 CPU 的效率高出许多。目前 CPU 产品的虚拟化技术主要有 Intel VT-x、Intel VT 和 AMD VT 这 3 种。

### 5.2.3 选购注意事项

在选购 CPU 时，除了需要考虑该 CPU 的性能外，还需要考虑用途和质保等方面，更要识别 CPU 的真伪。

**1. 选购原则**

选购 CPU 时，需要根据 CPU 的性价比及购买用途等因素进行选择。由于 CPU 市场主要是以 Intel 和 AMD 两大厂家为主，而且它们各自生产的产品的性能和价格也不完全相同，因此在选购 CPU 时，可以考虑以下几点原则。

- 根据用途和作业环境决定品牌。Intel 在计算机处理器市场上拥有很高的市场占有率，其处理器运转稳定且处理速度快，且大部分软件开发用的计算机也是装的该品牌的 CPU。再加上对电脑新手而言，绝大多数的计算机都装载着 Intel 产品，因此如果系统发生问题，也能很快寻找到解决办法。而 AMD 的强项为动画编辑等影音作业，尤其在新的锐龙系列上市后，更是将 CPU 的性能提升了一个境界，在规格、效能、续航力和售价等方面都十分具有优势。
- 检查主板上的 CPU 插槽是否吻合。在确定更换处理器之前，请务必确认预定安装的 CPU 是否与自身计算机主板的插槽吻合。因为即使是出自同个品牌商，也有许多无法更换的情况。如果是想从头组装计算机的话，也可以先决定处理器规格，再寻找相容的主板。
- 根据使用习惯选择 CPU 的核心数量。CPU 的核心数量往往是影响计算机性能的关键。挑选时根据自身的使用习惯挑选规格就好，不一定要购买最高阶的产品。
- 根据使用需求判断规格。例如：时钟频率越高，系统运行速度越快；缓存容量越大，资料读取的速度越快；线程数量越多，越有利于同步进行多项作业。

**2. 识别真伪**

不同厂商生产的 CPU 的防伪设置不同，但基本上大同小异。由于 CPU 的主要生产厂商有 Intel 和 AMD 两家，下面就以 Intel 生产的 CPU 为例，其验证真伪的方式有以下 3 种。

- 通过网站验证：访问 Intel 的产品验证网站进行验证。
- 验证产品序列号：正品 CPU 的产品序列号通常打印在包装盒的产品标签上，该序列号应该与盒内保修卡中的序列号一致。
- 查看封口标签：正品 CPU 包装盒的封口标签仅在包装的一侧，标签为透明色，文字为清晰的白色。

## 5.3 任务实施

### 5.3.1 分辨 CPU 的真伪

**1. 看外包装**

正品 CPU 的外包装纸盒颜色鲜艳，字迹清晰细致，并有立体感。塑料薄膜很有韧性，不容易撕掉。另外还要看包装纸盒有没有折横，若有则说明很有可能是被拆开过的，有可能原装风扇被换掉了。

**2. 看防伪标签**

防伪标签上半部是防伪层，下半部标有该款 CPU 的频率。真盒的防伪标签颜色比较暗，可以很容易看到图案全图，而且用手摸上去有凹凸的感觉。从不同角度看过去由于光线折射会有不同颜色。

**3. 检查序列号**

正品 CPU 的外包装盒上的序列号和 CPU 表面的序列号是一致的，而假冒 CPU 的外包装盒上的序列号与 CPU 表面的序列号有可能不一致。

#### 4. 测试软件

利用相应的测试软件，能够测试出 CPU 相应的名称、封装技术、制作工艺、内核电压、主频、倍频以及 L2 缓存等信息。然后，根据测试的数据信息检查是否与包装盒上的标识相符，从而判断 CPU 的真伪。

### 5.3.2 查看 CPU 的基本信息（Windows 10 系统）

查看 CPU 的基本信息的方法如下。

* 打开"腾讯电脑管家"；
* 进入"腾讯电脑管家"首页，单击左侧"工具箱"；
* 在"工具箱"界面中选择"硬件检测"；
* 在检测界面单击左边的"CPU 信息"。

这样就可以看到 CPU 的基本信息了，如图 2-24 所示。

图 2-24　CPU 的基本信息

## 任务 6　认识和选购内存

内存（Memory）又被称为主存或内存储器，其功能是用于暂时存放 CPU 的运算数据以及与硬盘等外部存储器交换的数据。内存的大小和性能是决定计算机运行速度的重要因素之一。

### 6.1　任务目标

本任务将介绍内存的结构与类型、内存的主要性能指标，并介绍选购内存的注意事项。通过本任务的学习，可以全面了解内存，并学会如何选购内存。

### 6.2　相关知识

下面将分别介绍内存的结构、类型、主要性能指标、选购注意事项的相关知识。

### 6.2.1　认识内存

认识内存需要首先了解内存的结构与类型。

### 1. 结构

内存主要由内存芯片、散热片、金手指、卡槽和缺口等部分组成。下面以目前主流的 DDR4 内存为例进行介绍，如图 2-25 所示。

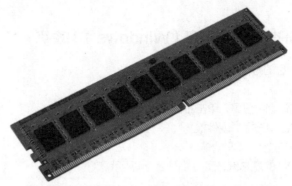

图 2-25　DDR4 内存

- 芯片和散热片：芯片用来临时存储数据，是内存上最重要的部件；散热片则安装在芯片外面，帮助维持内存工作温度，提高工作性能，如图 2-26 所示。
- 金手指：它是内存与主板进行连接的"桥梁"，目前很多 DDR4 内存的金手指采用曲线设计，接触更稳定，拔插更方便。

图 2-26　芯片和散热片

- 卡槽：与主板上内存插槽上的塑料卡槽配合，用于将内存固定在内存插槽中。
- 缺口：与内存插槽中的防凸起设计配对，用于防止内存插反。

### 2. 类型

DDR 全称是 Double Data Rate，也就是双倍数据速率的意思。DDR 内存是目前主流的内存，现在市面上有 DDR2、DDR3 和 DDR4 这 3 种类型。

- DDR2 内存：DDR2 内存是 DDR 内存的第二代产品，与第一代 DDR 内存相比，DDR2 内存拥有两倍以上的内存预读取能力，达到了 4bit 预读取。DDR2 内存能够在 100MHz 的发信频率基础上提供每插脚最少 400MB/s 的带宽，而且其接口将运行于 1.8V 电压上，从而进一步降低发热量，以便提高频率。DDR2 已经逐渐被淘汰，在二手计算机市场可能还会看到，如图 2-27 所示。
- DDR3 内存：相比起 DDR2 有更低的工作电压，且性能更好、更为省电，从 DDR2 的 4bit 预读取升级为 8bit 预读取。DDR3 内存用了 0.08um 制造工艺，其核心工作电压从 DDR2 的 1.8V 降至 1.5V。相关数据显示，DDR3 将比 DDR2 节省约 30% 的功耗。在目前的家用计算机中，还在大量使用 DDR3 内存，如图 2-28 所示。

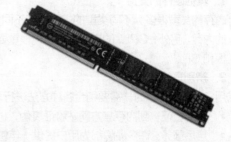

图2-27　DDR2 内存　　　　　　　　　　　　　　图2-28　DDR3 内存

· DDR4 内存：DDR4 内存是新一代的内存类型，相比 DDR3 性能提升极大。DDR4 支持 16bit 预读取机制（DDR3 为 8bit），在同样内核频率下理论速度是 DDR3 的两倍；更可靠的传输规范，数据可靠性进一步提升；工作电压降为 1.2V，更节能。

## 6.2.2　主要性能指标

选购内存时，不仅要选择主流类型的内存，还要更深入地了解内存的各种性能指标，因为内存的性能指标是反映其性能的重要参照。下面将介绍内存的主要性能指标。

### 1. 基本性能指标

内存的基本性能指标主要指内存的类型、容量和频率。

· 类型：内存的类型主要是按照工作性能进行分类，目前主流的内存是 DDR4。

· 容量：容量是选购内存时需优先考虑的性能指标，因为它代表了内存可同时存储数据的多少，通常以 GB 为单位。一般单条内存容量越大越好。目前市面上主流的内存分为单条（容量为 2GB、4GB、8GB、16GB 等）和套装（容量为 2×2GB、2×4GB、2×8GB、8×4GB、4×4GB、16×2GB 等）两种。

· 频率：这里的频率是指内存的主频，也可以称为工作频率。和 CPU 主频一样，常被用来表示内存的速度，它代表着该内存所能达到的最高工作频率。内存主频越高，在一定程度上代表着内存所能达到的速度越快。DDR3 内存主频有 133MHz 及以下、1600MHz、1866MHz、2133MHz、2400MHz、26MHz、2800MHz 及以上等；DDR4 内存主频则有 2133MHz、2400MHz、2666MHz、2800MHz 及以上等。

### 2. 技术性能指标

内存的技术性能指标主要包括以下两个方面。

· 工作电压：内存的工作电压是指内存正常工作所需要的电压，不同类型的内存工作电压不同。DDR3 内存的工作电压一般在 1.5V 左右，DDR4 内存的工作电压一般在 1.2V 左右。电压越低，对电能的消耗越少，也就更符合目前节能减排的要求。

· CL 值：CL（CAS Latency，列地址控制器延迟）值是指从读命令有效（在时钟上升沿发出）开始，到输出端可提供数据为止的这一段时间。对普通用户来说，不必太过在意 CL 值，只需要了解在同等工作频率下，CL 值低的内存更具有速度优势。

## 6.2.3　选购注意事项

在选购内存时，除了需要考虑该内存的性能指标外，还需要从其他硬件的支持和真伪等方面来综合进行考虑。

**1. 其他硬件的支持**

内存的类型很多，不同类型的主板支持不同类型的内存，因此在选购内存时需要考虑主板支持哪种类型的内存。另外，CPU 的支持对内存也很重要，如在组建多通道内存时，一定要选购支持多通道技术的主板和 CPU。

**2. 辨别真伪**

用户在选购内存时，需要结合各种方法进行真伪辨别。

- 网上验证：到内存官方网站验证真伪，也可以通过官方微信公众号等验证内存真伪。
- 售后服务：许多品牌都为用户提供一年包换、三年保修的售后服务，有的甚至会提供终生包换的承诺。购买售后服务好的产品，可以为产品提供优质的质量保证。
- 价格：在购买内存时，价格也非常重要，一定要货比三家，并选择价格较低的。但价格过于低时，就应注意其是否是打磨过的产品。

## 6.3 任务实施

### 6.3.1 分辨内存的真伪

**1. 看芯片信息**

内存上面最明显的就是上面的芯片。正品的内存芯片上面光滑平整，文字清晰。而仿品芯片上面常可以看见有很多细小的摩擦痕迹，表面也不是很平整，有的还有文字上的错误。

**2. 侧面**

在内存的侧面，正品内存芯片下方的电容组往往一个不少地在那里"站岗"，而假货的电容往往就那么孤单的一个，其他的都被省略了。另外正品侧面引脚的间距一般比较大，但是仿品的引脚一般比较密集。

**3. 细节辨别**

正品芯片的边角有一个定位坑点，是用来固定芯片的，看起来比较清楚。

**4. 金手指的差别**

正品金手指由于用材和做工都比较好，所以表面看起来整洁，没有任何划痕。而仿品的做工比较粗糙，表面常出现氧化的现象，磨损比较严重。另外，正品的金手指外侧一般是凸出一小块的，仿品一般是平直的。

**5. 耐用性方面**

购买电子产品的时候，我们除了看品牌之外，还得看耐用性，因为在使用的时候谁都不愿意不定期地更换。正品内存质量有保证，耐用性非常好。但是假货由于成本低，做工也不精细，所以常会出现问题，耐用性极差。

### 6.3.2 查看内存的基本信息

查看内存的基本信息的方法如下。

- 在桌面上用鼠标右击任务栏，选择"任务管理器"。
- 在弹出的任务管理器窗口中单击"性能"选项卡。
- 单击左侧的"内存"后，即可在右侧查看内存的基本信息。

## 任务 7 认识和选购机械硬盘

硬盘是计算机硬件系统中最重要的数据存储设备，具有存储空间大、数据传输速度较快、安全系数较高等优点，因此计算机运行所必需的操作系统、应用程序、大量的数据等都保存在硬盘中。现在的硬盘分为机械硬盘和固态盘两种类型。机械硬盘是传统的硬盘类型，平常所说的硬盘都是指机械硬盘。

## 7.1 任务目标

本任务将介绍机械硬盘的外观与内部结构、主要性能指标，并介绍选购机械硬盘的注意事项。通过本任务的学习，可以全面了解机械硬盘，并学会如何选购机械硬盘。

## 7.2 相关知识

下面就分别介绍机械硬盘的外观、内部结构、主要性能指标和选购注意事项的相关知识。

### 7.2.1 认识机械硬盘

机械硬盘主要由盘片、磁头、传动臂、主轴电机和外部接口等几个部分组成，其外形就是一个矩形的盒子。

#### 1. 外观

硬盘的外部结构较简单，其正面一般是一张记录了硬盘相关信息的铭牌，背面则是促使硬盘工作的主控芯片和集成电路。图 2-29 所示为硬盘的外观。硬盘后侧则是硬盘的电源线接口和数据线接口。硬盘的电源线按口和数据线接口都是 L 形，通常长一点的是电源线接口，短一点的是数据线接口。数据线接口通过 SATA 数据线与主板 SATA 插槽进行连接。

图 2-29　硬盘的外观

#### 2. 内部结构

硬盘的内部结构比较复杂，主要由主轴电机、盘片、磁头和传动臂等部件组成。在硬盘中通常将磁性物质附着在盘片上，并将盘片安装在主轴电机上。当硬盘开始工作时，主轴电机将带动盘片一起转动，在盘片表面的磁头将在电路和传动臂的控制下进行移动，并将指定位置的数据读取出来，或将数据存储到指定的位置。

### 7.2.2 主要性能指标

了解机械硬盘的主要性能指标，对机械硬盘才能有较深刻的认识，从而选购到满意的产品。

#### 1. 容量

硬盘容量是硬盘的主要性能指标之一，包括总容量、单碟容量、盘片数。

* 总容量：用于表示硬盘能够存储多少数据的一项重要指标，通常以 GB 或 TB 为单位，目前主流的硬盘容量从 250GB 到 10TB 不等。

- 单碟容量：每张硬盘盘片的容量。硬盘的盘片数是有限的，单碟容量可以提升硬盘的数据传输速度，其记录密度同数据传输率成正比，因此单碟容量是硬盘容量最重要的性能参数。目前最大的单碟容量为 1200GB。
- 盘片数：硬盘的盘片数一般为 1~10 片。在相同总容量的条件下，盘片数越少，硬盘的性能越好。

### 2. 接口

目前机械硬盘的接口的类型主要是 SATA。SATA 接口提高了数据传输的可靠性，还具有结构简单、支持热插拔的优点。目前主要使用的 SATA 包含 2.0 和 3.0 两种标准接口，SATA 2.0 标准接口的数据传输速率可达到 300MB/s，SATA 3.0 标准接口的数据传输速率可达到 600MB/s。

### 3. 传输速率

传输速率是衡量硬盘性能的重要指标之一，包括缓存、转速和平均寻道时间。

- 缓存：缓存的大小与速度是直接关系到硬盘的传输速度的重要因素。当硬盘存取零碎数据时，需要不断地在硬盘与内存之间进行数据交换，如果缓存较大，则可以将那些零碎数据暂存在缓存中，减小外系统的负荷，同时提高数据的传输速度。目前主流硬盘的缓存有 8MB、16MB、32MB、64MB、128MB 和 256MB 等。
- 转速：它是硬盘内电机主轴的旋转速度，也就是硬盘盘片在一分钟内所能完成的最大转数。转速的快慢是衡量硬盘档次和决定硬盘内部传输速度的关键指标之一。硬盘的转速越快，硬盘寻找文件的速度也就越快，相对地，硬盘的传输速度也就得到了提高。硬盘转速以每分钟多少转来表示，单位为 r/min（转/分钟），值越大硬盘性能越好。目前主流硬盘转速有 5400r/min、5900r/min、7200r/min 和 1000r/min 等。
- 平均寻道时间：平均寻道时间是指硬盘在接收到系统指令后，磁头从开始移动到移动至数据所在的磁道所花费时间的平均值，单位为毫秒（ms）。它可在一定程度上体现硬盘读取数据的能力，是影响硬盘内部数据传输速度的重要参数。不同品牌、不同型号的硬盘产品的平均寻道时间是不一样的，这个时间越短产品越好。

### 7.2.3 选购注意事项

选购机械硬盘时，除了各项性能指标外，还需要了解硬盘是否符合用户的需求，如硬盘的性价比、品牌、售后服务等。

- 性价比：硬盘的性价比可通过计算每款产品的"每 GB 的价格"得出衡量值，计算方法是用产品市场价格除以产品容量，值越低性价比越高。
- 品牌：机械硬盘的品牌较少，市面上生产硬盘的厂家主要有希捷、西部数据、三星（主要产品为笔记本电脑硬盘）、东芝和 HGST。
- 售后服务：硬盘中保存的常是相当重要的数据，因此硬盘的售后服务也就显得特别重要。目前硬盘的质保期多在 2 年到 3 年，有些长达 5 年。

## 7.3 任务实施

下面我们来确认机械硬盘的基本信息。

- 在 Windows 10 桌面，右击"此电脑"图标，在弹出菜单中选择"管理"命令。
- 此时将打开"计算机管理"窗口，选择窗口左侧边栏的"磁盘管理"选项。

等待一会儿，窗口右侧就会显示出硬盘包含的磁盘。

如果在打开的磁盘管理窗口中，磁盘的卷名之前有 Windows-SSD 字样，那该硬盘就是固态盘；如果没有,那就是机械硬盘。右击磁盘,在弹出的菜单中选择"属性"命令,即可查看到磁盘的详细信息。

## 任务 8　认识和选购固态盘

固态盘在接口的规范和定义、功能及使用方法上与机械硬盘完全相同,部分产品在外形和尺寸上也完全与机械硬盘一致。由于其读写速度远远高于机械硬盘,且功耗比机械硬盘低,比机械硬盘轻便,防震抗摔,目前通常将之作为计算机的系统盘进行选购和安装。

### 8.1　任务目标

本任务将介绍固态盘的外观、内部结构、主要性能指标,并介绍选购固态盘的注意事项。通过本任务的学习,可以全面了解固态盘,并学会如何选购固态盘。

### 8.2　相关知识

下面就分别介绍固态盘的外观、内部结构、主要性能指标和选购注意事项的相关知识。

#### 8.2.1　认识固态盘

固态盘是用固态电子存储芯片阵列而制成的硬盘。区别于机械硬盘由磁盘、磁头等机械部件构成,整个固态盘结构无机械装置,全部由电子芯片及电路板组成。

**1. 外观**

固态盘的外观主要有 4 种样式,常见的固态盘外观如图 2-30 所示。

● 2.5 英寸:选购固态盘时,首先要知道自己的系统适合什么外形和尺寸。固态盘存在多种外形和尺寸。例如,2.5 英寸是最常见的固态盘类型,适用于多数笔记本电脑或台式计算机。其外形类似传统机械硬盘(HDD)并通过 SATA 线缆连接,因此使用起来与众多现有产品非常类似。

● M.2:纤薄便携式计算机和笔记本电脑的标配存储类型。这种类型的固态盘的外形和尺寸常常类似于一片口香糖,在多数情况下可轻松安装到主板上。它具备各种不同长度,可实现不同的固态盘存储容量;固态盘越长,可搭载的 NAND 闪存芯片越多,可实现更高的存储容量。

● mSATA:mSATA 或 mini-SATA 是全尺寸 SATA 固态盘的缩小版。它像 M.2 一样使用紧凑的外形和尺寸,但两者不可互换。M.2 固态盘支持 SATA 和 PCIe 两种接口选项,而 mSATA 仅支持 SATA。这种外形和尺寸专为空间受限的小型系统设计。

● U.2:U.2 固态盘看起来像 2.5 英寸固态盘,但略微厚一点。它使用不同的连接方式,并通过 PCIe 接口发送数据。U.2 固态盘技术通常用于需要更大存储容量的高端工作站、服务器和企业应用。它支持更高工作温度,比 M.2 固态盘更能散热。

**2. 内部结构**

固态盘的内部结构主要是指电路板的结构,包括主控芯片、闪存颗粒和缓存单元。

● 主控芯片:主控芯片是整个固态盘的核心器件,其作用是合理调配数据在各个闪存芯片上的负荷,以及承担整个数据中转、连接闪存芯片和外部接口的任务。当前主流的主控芯片厂商有 Marvell、SandForce、Silicon Motion(慧荣)、Phison(群联)、JMicron(智微)等。

● 闪存颗粒:存储单元是硬盘的核心器件,而在固态盘里面,闪存颗粒则替代了机械磁盘成为存储单元。

● 缓存单元:缓存单元的作用表现在进行常用文件的随机性读写上,以及碎片文件的快速读写上。缓存芯片市场规模不算太大,主流的缓存品牌包括三星和金士顿等。

图 2-30　常见的固态盘外观

## 8.2.2　主要性能指标

了解固态盘的主要性能指标，对固态盘才能有较深刻的认识，从而选购到满意的产品。

### 1. 闪存构架

固态盘成本的约 80% 集中在闪存颗粒上。闪存颗粒不仅决定了固态盘的使用寿命，而且对固态盘的性能影响也非常大。而决定闪存颗粒性能的就是闪存构架。固态盘中的闪存颗粒都是 NAND 型闪存（NAND Flash，与非型闪存），由于 NAND 型闪存具有非易失性存储的特性，即断电后仍能保存数据，因此被大范围运用。当前固态盘市场中，主流的闪存颗粒厂商主要有 Toshiba（东芝）、Samsung（三星）、Intel（英特尔）、Micron（美光）、SK hynix（SK 海力士）、SanDisk（闪迪）等。根据 NAND 型闪存中电子单元密度的差异，可将 NAND 型闪存的构架分为 SLC、MLC 以及 TLC，这 3 种闪存构架在寿命以及造价上有着明显的区别。

- SLC（单层式存储）：单层电子结构，写入数据时电压变化区间小，寿命长，读写次数在 10 万次以上，造价高，多用于企业级高端产品。
- MLC（多层式存储）：使用高低电压的不同构建的双层电子结构，寿命长，造价相对较低，多用于民用中高端产品，读写次数在 5000 次左右。
- TLC（三层式存储）：MLC 闪存的延伸，可达到 3bit/cell。存储密度最高，造价成本最低，使用寿命短，读写次数在 1000～2000 次，是当下主流厂商首选闪存颗粒。

### 2. 接口类型

固态盘的接口类型很多，目前市面上有 SATA 3.0、mSATA、M.2、Type-C、PCI-E、SATA 2.0、USB 3.0、SAS 和 PATA 等，最常用的是 SATA 3.0、mSATA、M.2、PCI-E 等。

- SATA3.0 接口：SATA 是硬盘接口的标准规范，SATA 3.0 接口的最大优势是非常成熟，能够发挥出主流固态盘的最大性能。
- mSATA 接口：该接口规范是 SATA 协会开发的 Mini SATA 接口控制器的产品规范。新的控制器可以将 SATA 技术整合在小尺寸的装置上，mSATA 也提供了和 SATA 一样的速度和可靠性。该接口主要是用于注重小型化的笔记本电脑，比如商务本、超极本等，在一些 MATX 板型的主板上也有该接口的插槽。
- M.2 接口：M.2 接口的设计目的是取代 mSATA 接口。不管是从非常小巧的规格尺寸上讲，还是从传输性能上讲，这种接口要比 mSATA 接口好很多。M.2 接口能够同时支持 PCI-E 以及 SATA，让固态盘的性能潜力大幅提升。另外，M.2 接口的固态盘还支持 NVMe 标准，通过新的 NVMe 标准接入的固态盘，在性能提升方面非常明显，如图 2-31 所示。

图 2-31　M.2 接口的固态盘

● PCI-E 接口：这种接口对应主板上面的 PCI-E 插槽，与显卡的 PCI-E 接口完全相同。PCI-E 接口的固态盘最开始主要是在企业级市场使用，因为它需要不同主控，所以在提升性能的同时成本也高了不少。在目前的市场上，PCI-E 接口的固态盘通常定位于企业或高端用户，如图 2-32 所示。

● 基于 NVMe 标准的 PCI-E 接口：NVMe（Non-Volatile Memory express，非易失性存储器）标准是面向 PCI-E 接口的固态盘，使用原生 PCI-E 通道与 CPU 直连，可以免去 SATA 与 SAS 接口的外置控制器（PCH）与 CPU 通信所带来的延时。基于 NVMe 标准的 PCI-E 接口的固态盘其实就是将一块支持 NVMe 标准的 M.2 接口的固态盘，安装在支持 NVMe 标准的 PCI-E 接口的电路板上，如图 2-33 所示。这种固态盘的 M.2 接口最高支持 PCI-E 2.0×4 总线，理论带宽达到 2GB/s，远胜于 SATA 接口的 600MB/s。如果主板上有 M.2 插槽，便可以将 M.2 接口的固态盘主体拆下直接插在主板上，并不占用机箱其他内部空间，相当方便。

图 2-32　PCI-E 接口的固体硬盘

图 2-33　基于 NVMe 标准的 PCI-E 接口的固态盘

### 8.2.3　选购注意事项

选购固态盘时，除了各项性能指标外，还需要了解固态盘的优缺点和主流品牌等。

**1. 固态盘的优点**

固态盘相对于机械硬盘的优势主要体现在以下 5 个方面。

● 读写速度快：固态盘采用闪存作为存储介质，读写速度比机械硬盘快。比如，最常见的 7200r/min 机械硬盘的寻道时间一般为 12~14ms，而固态盘可以轻易达到 0.1ms 甚至更低。

● 防震抗摔性：固态盘采用闪存作为存储介质，防震抗摔性强。

● 低功耗：固态盘的功耗要低于传统硬盘。

- 无噪声：固态盘没有机械马达和风扇，工作时噪声值为 0dB，而且具有发热量小、散热快等特点。
- 轻便：固态盘在重量方面更轻。

**2. 固态盘的缺点**

与机械硬盘相比，固态盘也有不足之处。

- 容量：目前固态盘最大容量仅为 4TB。
- 寿命限制：固态盘闪存具有擦写次数限制的问题，SLC 构架有 10 万次以上的写入寿命；成本较低的 MLC 构架，写入寿命仅约有 5000 次；而廉价的 TLC 构架，写入寿命仅有 1000～2000 次。
- 售价高：相同容量的固态盘的价格比机械硬盘贵，有的甚至贵几十倍。

**3. 固态盘的主流品牌**

固态盘的品牌包括三星、英睿达、英特尔、闪迪、影驰、饥饿鲨、浦科特、特科芯、金泰克、朗科、佰维、金胜维、东芝、金士顿等。其中，三星是唯一一家拥有主控、闪存、缓存、固件算法一体式开发、制造实力的厂商。三星、闪迪、东芝、英睿达都拥有非常好的上游芯片资源。至于英特尔，消费级产品较少，性能中庸，但是稳定性极好。

## 8.3 任务实施

下面我们来测试固态盘好坏与读写速度。

这里以 HDTune 为例。如果安装了多个硬盘，在打开的 HDTune 硬盘专业工具界面中，要选择正确的硬盘的型号。在硬盘数据加载完成后，切换到健康标签页，主要查看的是通电周期计数和累计通电时间计数的值，这两个值越小越好。对于测试 SSD 读取速度，一般使用 AS SSD Benchmark，同样得在打开的界面中选择正确硬盘型号和对应的分区，最好将安全类的软件关闭，再开始测试。

## 任务 9　认识和选购显卡

显卡一般是一块独立的电路板，插在主板上，接收由主机发出的控制显示系统工作的指令和显示内容的数字信号，然后通过输出模拟信号或数字信号控制显示器显示各种字符和图形，它和显示器构成了计算机系统的显示系统。

### 9.1 任务目标

本任务将介绍显卡的外观、结构、主要性能指标，并介绍选购显卡的注意事项。通过本任务的学习，可以全面了解显卡，并学会如何选购显卡。

### 9.2 相关知识

下面将分别介绍显卡的外观、结构、主要性能指标和选购注意事项的相关知识。

#### 9.2.1 认识显卡

从外观上看，显卡主要由 GPU（Graphics Processing Unit，图像处理单元）、散热器、显存和各种接口等组成，如图 2-34 所示。

- GPU：它是显卡上最重要的部分。其主要作用是处理软件指令，让显卡能完成某些特定的绘图功能。它直接决定了显卡的好坏。由于 GPU 发热量巨大，因此往往其上面都会覆盖散热器进行散热。
- 显存：它是显卡中用来临时存储显示数据的部件，其容量与存取速度对显卡的整体性能有着举足轻重的影响，而且还将直接影响显示的分辨率和色彩位数。其容量越大，所能显示的分辨率及色彩位数就越高。

- 金手指：它是连接显卡和主板的通道，不同结构的金手指代表不同的主板接口。目前主流的显卡金手指为 PCI-E 接口类型。

图 2-34　显卡的外观

- DVI（Digital Visual Interface，数字视频接口）：它可将显卡中的数字信号直接传输到显示器，从而使显示出来的图像更加真实、自然。
- HDMI（High Definition Multimedia Interface，高清晰度多媒体接口）：它可以提供高达 5Gbit/s 的数据传输带宽，传送无压缩音频信号及高分辨率视频信号，也是目前使用较多的视频接口。
- DP（Display Port）：它也是一种高清数字显示接口，可以连接计算机和显示器，也可以连接计算机和家庭影院，它是作为 HDMI 的竞争对手和 DVI 的潜在继任者而被开发出来的。它可提供的带宽高达 10.8Gbit/s，充足的带宽可保证今后大尺寸显示设备对更高分辨率的需求。目前大多数中高端显卡都配备了 DP 接口。
- 外接电源接口：通常显卡通过 PCI-E 接口由主板供电，但现在的显卡很多都有较大的功耗，所以需要外接电源独立供电。这时，就需要在主板上设置外接电源接口，通常是 8 针或 6 针。

### 9.2.2　主要性能指标

显卡的性能通常由 GPU、显存规格、散热方式、多 GPU 技术和流处理器多少等因素决定。

#### 1. GPU

GPU 主要包括制造工艺、核心频率、芯片厂商、芯片型号 4 种参数。

- 制造工艺：GPU 的制造工艺是用来衡量其加工精度的。制造工艺的提高，意味着 GPU 的体积将更小、集成度更高、性能更加强大，功耗也将降低。现在主流芯片的制造工艺为 28nm、16nm、14nm、10nm、7nm 等。
- 核心频率：它是指显示核心的工作频率。在同样级别的芯片中，核心频率较高的则性能较强。但显卡的性能由核心频率、显存、像素管线和像素填充率等多方面的因素所决定，因此在芯片不同的情况下，仅核心频率高并不代表此显卡性能强。
- 芯片厂商：GPU 主要有 NVIDIA 和 AMD 两个厂商。
- 芯片型号：不同的芯片型号，其适用的范围是不同的。

#### 2. 显存规格

显存是显卡的关键核心部件之一，它的优劣和容量大小会直接关系到显卡的最终性能。如果说 GPU 决定了显卡所能提供的功能和基本性能，那么，显卡性能的发挥则很大程度上取决于显存。因为无论 GPU

的性能如何出众，最终其性能都要通过配套的显存来发挥。显存规格主要包括显存的频率、容量、位宽、速度等参数。

- 显存频率：它是指在默认情况下显存在显卡上工作时的频率，以 MHz（兆赫兹）为单位。显存频率可在一定程度上反映显存的速度，其随着显存的类型和性能的不同而不同。同样类型的显存，频率越高性能越强。
- 显存容量：从理论上讲，显存容量决定了 GPU 可同时处理的数据量。显存容量越大，显卡性能就越好。目前市场上显卡的显存容量从 1GB 到 12GB 不等。
- 显存位宽：通常情况下可把显存位宽理解为数据进出通道的大小。在运行频率和显存容量相同的情况下，显存位宽越大，数据的吞吐能力就越大，显卡的性能则越好。目前市场上显卡的显存位宽有 64bit 到 768bit 不等。
- 显存速度：显存的时钟周期就是显存时钟脉冲的重复周期，它是作为衡量显存速度的重要指标。显存速度越快，单位时间交换的数据量则越大，在同等情况下显卡性能越高。显存频率与显存时钟周期之间为倒数关系（也可以说显存频率与显存速度之间为倒数关系），显存时钟周期越小，它的显存频率就越高，显卡的性能也就越好。
- 最大分辨率：最大分辨率表示显卡输出给显示器，并能在显示器上描绘像素的数量。分辨率越大，所能显示的图像的像素就越多，并且能显示更多的细节，当然也就越清晰。最大分辨率在一定程度上跟显存有着直接关系，因为这些像素的数据最初都要存储于显存内，因此显存容量会影响到最大分辨率。现在常见显卡的最大分辨率为 2560 像素×1600 像素、3840 像素×160 像素、4096 像素×2160 像素和 5120 像素×3200 像素及以上。
- 显存类型：显存的类型也是影响显卡性能的重要参数之一，目前市面上的显存主要有 HBM 和 GDDR 两种。GDDR 显存在很长一段时间内是市场上的主流类型，从过去的 GDDR1 到现在的 GDDR5 和 GDDR5X。HBM 显存是新一代的显存，用来替代 GDDR，它采用堆叠技术，减小了显存的体积，增加了位宽，其单颗粒的位宽是 1024bit，是 GDDR5 的 32 倍。在同等容量的情况下，HBM 显存性能比 GDDR5 提升约 65%，功耗降低约 40%。新的 HBM2 显存可能在原来的基础上性能翻一倍。

### 3. 散热方式

随着显卡核心工作频率与显存工作频率的不断提升，显卡芯片和显存的发热量也在增加，因而显卡都会采用必要的散热方式，所以散热方式也是显卡的重要指标之一。

- 被动式散热：在 GPU 上安装一个散热片进行散热。但随着显卡功耗的提高，这种方式已经无法满足显卡散热的需要，逐渐被淘汰。
- 主动式散热：这种方式是在散热片上安装散热风扇，也是显卡的主要散热方式。目前大多数显卡都采用这种散热方式。
- 水冷式散热：这种散热方式集成了前两种方式的优点，散热效果好，噪声低。但由于散热部件较多，且需要占用较大的机箱空间，所以成本较高。

### 4. 多 GPU 技术

在显卡技术发展到一定水平的情况下，利用多 GPU 技术，可以在单位时间内提升显卡的性能。所谓的"多 GPU 技术"，就是联合使用多个 GPU 核心的运算力来得到高于单个 GPU 的性能，以提升计算机的显示性能。NVIDIA 的多 GPU 技术叫作 SLI，而 AMD 的叫作 CF。

- SLI（Scable Link Inerface，可升级连接接口）：SLI 是 NVIDIA 公司的专利技术，它是通过一种特殊的接口连接方式（称为 SLI 桥接器或者显卡连接器），在一块支持 SLI 技术的主板上，同时连接并使用多块显卡，提升计算机的图形处理能力。图 2-35 所示为双卡 SLI。
- CF（CrossFire，交叉火力，简称交火）：CF 是 AMD 公司的多 GPU 技术，它也是通过 CF

桥接器让多张显卡同时在一台计算机上连接使用，以提高运算效能。

图 2-35　双卡 SLI

● Hybird SLI/CF：它是通常所说的混合交火技术，利用处理器显卡和普通显卡进行交火，从而提升计算机的显示性能，最高可以提高计算机的图形处理能力到 150% 左右，但还达不到 SLI/CF 的 180% 左右。中低端显卡用户可以通过混合交火实现性价比的提升和使用成本的降低；高端显卡用户则可在一些特定的模式下，通过混合交火支持的独立 GPU 休眠功能来控制显卡的功耗，节约能源。

**5. 流处理器多少**

流处理器（Stream Processor，SP）多少对显卡性能有决定性作用，可以说高、中、低端的显卡除了核心不同外，最主要的差别就在于流处理器数量。流处理器个数越多则显卡的图形处理能力越强。流处理器很重要，但 NVIDIA 和 AMD 同样级别的显卡的流处理器数量却相差巨大，这是因为两种显卡使用的流处理器种类不一样。

● AMD：AMD 公司的显卡使用的是超标量流处理器，其特点是浮点运算能力强大，表现在图形处理上则是偏重于图像的画面和画质。

● NVIDIA：NVIDIA 公司的显卡使用的是矢量流处理器，其特点是每个流处理器都具有完整的 ALU（Arithmetic and Logic Unit，算术逻辑单元）功能，表现在图形处理上则是偏重于处理速度。

NVIDIA 显卡的流处理器图形处理速度快，AMD 显卡的流处理器图形处理画面好。NVIDIA 显卡的一个矢量流处理器约可以完成 AMD 显卡 5 个超标量流处理器的工作任务，也就是约 1：5 的换算关系。如果某 AMD 显卡的流处理器数量为 480 个，480 除以 5 等于 96，性能相当于约有 96 个流处理器 NVIDIA 显卡。

### 9.2.3　选购注意事项

在组装计算机时选购显卡的用户，通常都对计算机的显示性能和图形处理能力有较高的要求，所以在选购显卡时，一定要注意以下 5 个方面的问题。

● 选料：如果显卡的选料上乘、做工优良，显卡的性能一般就较好，但价格相对也较高；如果一款显卡价格低于同档次的其他显卡，那么这块显卡在做工上可能稍次。选购显卡时，一定要注意这个问题。

● 做工：一款性能优良的显卡，其印制电路板上的线路和各种元件的分布也比较规范，建议尽量选择使用较多层数的印制电路板的显卡。

- 布线：为使显卡能够正常工作，显卡内通常密布着许多电子线路，用户可直观地看到这些线路。正规厂家的显卡布局清晰、整齐，各个线路间都保持了比较固定的距离，各种元件也非常齐全，而低端显卡上则常会出现空白的区域。
- 包装：一块通过正规渠道进货的新显卡，包装盒上的封条一般是完整的，而且显卡上有中文的产品标记和生产厂商的名称、产品型号和规格等信息。
- 品牌：大品牌的显卡做工精良，售后服务也好，定位于低、中、高不同市场的产品也多，方便用户的选购。市场上最受用户关注的主流显卡品牌包括七彩虹、影驰、索泰、耕升、讯景、华硕、丽台、蓝宝石、技嘉、迪兰和微星等。

## 9.3 任务实施

### 9.3.1 查看显卡的基本信息

查看显卡的基本信息的方法如下。
- 使用"Win+R"组合键打开"运行"对话框，输入"dxdiag"命令。
- 打开"DirectX 诊断工具"窗口，单击"显示"。
- 在"设备"一栏的信息为显卡信息，其中第一行的"名称"即当前显卡的名称。

### 9.3.2 测试显卡的性能

显卡测试，是指对显卡进行性能测试，主要包括 3D 性能、功耗及温度等，并以此作为评价显卡好坏的参考指标。以下推荐几款可以测试不同性能指标的软件。

**1. 3D 性能测试：3DMark 11**

3D 性能主要使用基准测试软件以及实际游戏来测试，基准测试软件中较权威并且被广泛认可的软件是 Futuremark 公司推出的 3DMark 系列软件，已经发行 3DMark99、3DMark2001、3DMark2003、3DMark2005、3DMark2006、3DMark Vantage、3DMark 11 等。其中 3DMark 06、3DMark Vantage 和 3DMark 11 是目前较常用的分别用于测试显卡 DiretX 9、DiretX 10 以及 DirectX 11 性能的基准软件。

**2. 真实游戏性能：内建测试程序**

真实游戏性能一般使用游戏厂商发布的内建测试程序（Built-In Benchmark Tool）进行。如果游戏没有内建测试程序，还要靠第三方测试程序或者手动进行，最常见的是使用帧数记录软件 Fraps 测试某一场景的平均帧、最低帧以及最高帧。

**3. 温度测试：GPU-Z**

温度一般使用软件测试，除了显卡厂商配套的监控软件之外，目前较普遍的温度测试软件是GPU-Z，该软件支持监控显卡温度、风扇转速、电压及频率等参数。此外，微星的 Afterburner 软件也具有同样的功能，并且可以用作超频软件。

**4. 功耗测试：功耗仪**

显卡功耗测试需要使用额外的仪器搭配"拷机软件"使用。仪器方面可以选择功耗仪记录整机功耗，这样对整套平台的参考意义更大，但是不够精确。独特设计的单片机可以单独记录显卡的功耗，数值更为准确，但是结构复杂，并不适合一般用户。

**5. 拷机软件：Furmark**

拷机软件主要有 Furmark、OCCT、MSI Kombustor 等，其中 Furmark 较为常用，其拷机负载要远高于正常使用时的游戏水平，可以最大限度地反映显卡的功耗水平。但是 Furmark 的争议也源于此，由于其大大高于正常使用的拷机负载，对用户的参考价值在降低，而 AMD、NVIDIA 等 GPU 核心厂商认为 Furmark 过高的负载会对显卡造成损害，并不建议用户使用这类拷机软件来测试显卡负载。

## 任务 10　认识和选购显示器

计算机的显示系统是由显卡和显示器组成的，显卡处理的各种图像数据最后都是通过显示器呈现在我们眼前，显示器的好坏有时候能直接反映计算机的性能。

### 10.1　任务目标

本任务将介绍显示器的类型、主要性能指标，并介绍选购显示器的注意事项。通过本任务的学习，可以全面了解显示器，并学会如何选购显示器。

### 10.2　相关知识

下面将分别介绍显示器的类型、主要性能指标和选购注意事项的相关知识。

#### 10.2.1　认识显示器

现在市面上的显示器主要是 LCD（Liquid Crystal Display，液晶显示）显示器，它具有辐射危害小、屏幕闪烁少、工作电压低、功耗小、质量轻和体积小等优点。显示器通常分为正面和背面，另外还有各种控制按钮和接口，如图 2-36 所示。现在市面上常见的显示器有以下 4 种。

● LED 显示器：LED 就是发光二极管，LED 显示器是由发光二极管组成显示屏的显示器。LED 显示器在亮度、功耗、可视角度和刷新速率等方面都很具优势，其单个元素反应速度约是 LCD 的 1000 倍，在强光下也非常清楚，并且能适应-40℃ 的低温。

图 2-36　显示器的外观

● 4K 显示器：4K 显示器并不是一种特殊技术的显示器，而是指最大分辨率达到 4K 标准的显示器。超高清 4K 的分辨率为 4096 像素×2160 像素，也就是说 4K 的清晰度约是 1080P（1920 像素×1080 像素）的 4 倍。所以，4K 分辨率的清晰度非常高，4K 显示器显示的图像和画面能真实地还原事物。

● 3D 显示器：3D 是指三维空间，也就是立体空间，3D 显示器也就是通过 3D 显示技术来显示出立体效果的显示器。目前主流的桌面 3D 显示技术有红蓝式、光学偏振式和主动快门式 3 种，它们皆需要搭配 3D 眼镜来实现。

● 曲面显示器：曲面显示器是指面板带有弧度的显示器，如图 2-37 所示。曲面屏幕的弧度可以保证眼睛与屏幕各处的距离更为均等，从而带来比普通显示器更好的感官体验。

图 2-37　曲面显示器

## 10.2.2　主要性能指标

显示器的性能指标主要包括以下 9 个。

- 显示屏尺寸：包括 20 英寸以下、20~22 英寸、23~26 英寸、27~30 英寸、30 英寸以上等大小。
- 屏幕比例：它是指显示器屏幕画面纵向和横向的比例，包括普屏 4：3、普屏 5：4、宽屏 16：9 和宽屏 16：10 几种类型。
- 面板类型：目前市面上主要有 TN、ADS、PLS、VA 和 IPS 等类型。其中，TN 面板应用于入门级产品，优点是响应时间容易提高，辐射水平很低，眼睛不易产生疲劳感；缺点是可视角度受到了一定的限制，一般不会超过 160°。ADS 面板并不多见，其他各项性能指标通常略低于 IPS，由于其价格比较低，也被称为廉价 IPS。PLS 面板主要用在三星显示器上，性能与 IPS 面板非常接近。VA 面板分为 MVA 和 PVA 两种，后者是前者的继承和改良，优点是可视角度大、黑色表现也更为纯净、对比度高、色彩还原准确；缺点是功耗比较高、响应时间比较慢、面板的均匀性一般、可视角度相比 IPS 面板稍差。IPS 面板是目前显示器面板主流类型，优点是可视角度大、色彩真实、动态画质出色、节能环保；缺点是可能出现大面积的边缘漏光。
- 对比度：对比度越高，显示器的显示质量也就越好。特别是玩游戏或观看影片时，更高对比度的显示器可得到更好的显示效果。
- 动态对比度：动态对比度指液晶显示器在某些特定情况下测得的对比度数值，其目的是保证明亮场景的亮度和昏暗场景的暗度。所以，动态对比度对那些需要频繁在明亮场景和昏暗场景切换的应用有较为明显的实际意义，比如看电影。
- 亮度：亮度越高，一般显示画面的层次就越丰富，显示质量也就越高。亮度的单位通常为 $cd/m^2$，市面上主流的显示器的亮度为 $250cd/m^2$。需要注意的是，亮度太高的显示器不一定就是好的产品，画面过亮一方面容易引起视觉疲劳，同时也使纯黑与纯白的对比降低，影响色阶和灰阶的表现。
- 可视角度：站在位于显示器旁的某个角度时仍可清晰看见影像时的最大角度。由于每个人的视力不同，因此我们以对比度为准，在最大可视角度时所量到的对比度越大就越好，主流显示器的可视角度都在 160°以上。
- 灰阶响应时间：当玩游戏或看电影时，显示器屏幕内容不可能只做最黑与最白之间的切换，而是五颜六色的多彩画面或深浅不同的层次变化，这些都是在做灰阶间的切换。灰阶响应时间更短的显示器画面质量更好，尤其是在播放运动图像时。目前主流显示器的灰阶响应时间在 6ms 以下。
- 刷新率：刷新率是指电子束对屏幕上的图像重复扫描的频率。刷新率越高，所显示的图像（画面）

稳定性就越好。只有在高分辨率下达到高刷新率的显示器才能称其性能优秀。市面上常见的显示器刷新率有 75Hz、120Hz 和 144Hz 等。

### 10.2.3 选购注意事项

在选购显示器时，除了需要注意其各种性能指标外，还应注意下面的 5 个问题。

- 选购目的：如果是一般家庭和办公用户，建议购买 LED 显示器，环保，低辐射，性价比高；如果是游戏或娱乐用户，可以考虑曲面显示器，颜色鲜艳，视角清晰；如果是图形图像设计用户，最好使用大屏幕 4K 显示器，图像色彩鲜艳，画面逼真。
- 测试坏点：坏点数是衡量液晶面板质量好坏的一个重要标准，而目前的液晶面板生产线技术还难以做到显示屏完全无坏点。检测坏点时，可将显示屏显示全白或全黑的图像，在全白的图像上出现黑点，或在全黑的图像上出现白点，这些都被称为坏点。通常超过 3 个坏点就不要选购。
- 显示接口的匹配：显示器上的显示接口应该和显卡或主板上的显示接口至少有一个相同，这样才能通过数据线连接在一起。如某台显示器有 VGA（Video Grapic Array，视频图形阵列）和 HDMI 两种显示接口，而连接的计算机显卡上却只有 VGA 和 DVI 显示接口，虽然能够通过 VGA 接口进行连接，但显示效果没有 DVI 或 HDMI 接口连接的好。
- 选购技巧：在选购显示器的过程中，应该"买大不买小"，通常 16∶9 比例的大尺寸产品更具有购买价值。
- 主流品牌：常见的显示器主流品牌有三星、HKC、优派、AOC（冠捷）、飞利浦、明基、长城、戴尔、惠普、联想、爱国者、大水牛、NEC、华硕等。

## 10.3 任务实施

下面我们来测试显示器的坏点，主要有以下步骤。

（1）隐藏桌面图标。在桌面的空白处右击鼠标，在菜单中选择"查看"→"显示桌面图标"，将"显示桌面图标"前的"√"去掉。

（2）隐藏任务栏。将鼠标指针放置在任务栏处并右击，在菜单中选择"任务栏设置"，在弹出的窗口中勾选"在桌面模式下自动隐藏任务栏"。

（3）更换桌面背景颜色。进入"控制面板"，打开"个性化"，选择"背景"为"纯色"。

（4）依次选择黑色、白色、红色、绿色、蓝色，便可测出屏幕有无坏点。利用黑色可以测出屏幕有无亮点，白色可以测出屏幕有无暗点，红色、绿色、蓝色"三原色"可以测出屏幕有无彩点。主要是看屏幕的中间偏下的部分，还有就是四周的边上。建议在更换颜色的同时也让眼睛休息一下，可以避免视觉疲劳带来的误差。一般来说 3 个及以下的坏点是可以容忍的，如果超过了 3 个，则应要求换屏或者换整机。

## 任务 11  认识和选购机箱及电源

机箱和电源通常都是安装在一起出售，但也可根据需要单独购买，所以在选购时需要问清楚两者是否捆绑销售。

## 11.1 任务目标

本任务将介绍机箱的结构、功能、样式、类型和选购注意事项，还将介绍电源的结构、性能参数、安规认证、选购注意事项。通过本任务的学习，可以全面了解机箱和电源，并学会如何进行选购。

## 11.2 相关知识

下面将分别介绍选购机箱和电源的相关知识。

### 11.2.1 认识和选购机箱

机箱的主要作用是放置和固定各计算机硬件，并保护和屏蔽电磁辐射。

#### 1. 机箱的结构

从外观上看，机箱一般为立方体结构，主要用于为主板、各种输入卡或输出卡、硬盘驱动器、光盘驱动器、电源等部件提供安装支架。图2-38所示为机箱的外观，图2-39所示为机箱的内部结构。

图2-38　机箱的外观

图2-39　机箱的内部结构

#### 2. 机箱的功能

机箱的主要功能是为计算机的核心部件提供保护。如果没有机箱，CPU、主板、内存和显卡等部件就会裸露在空气中，不仅不安全，而且空气中的灰尘会影响其正常工作，这些部件甚至会氧化和损坏。机箱主要有以下4个方面的功能。

* 机箱面板上有许多指示灯，可使用户更方便地观察系统的运行情况。
* 机箱为CPU、主板、各种板卡和存储设备及电源提供了放置空间，并通过其内部的支架和螺钉将这些部件固定，形成一个集装型的整体，起到了保护罩的作用。
* 机箱坚实的外壳不但能保护其中的设备，包括防压、防冲击和防尘等，还能起到防电磁干扰和防辐射的作用。
* 机箱面板上的开机和重新启动按钮可使用户方便地控制计算机的启动和关闭。

#### 3. 机箱的样式

机箱的样式主要有立式、卧式和立卧两用式，具体介绍如下。

* 立式机箱：主流计算机的机箱外形大部分都为立式。立式机箱的电源在上方，其散热性比卧式机箱好。立式机箱没有高度限制，理论上可以安装更多的驱动器或硬盘，并使计算机内部设备安装的位置分布更科学。
* 卧式机箱：这种机箱外形小巧，对整台计算机外观的一体感也比立式机箱强，占用空间相对较少。随着高清视频播放技术的发展，很多视频娱乐计算机都采用这种机箱，其外面板还具备视频播放功能，非常时尚、美观。
* 立卧两用式机箱：这种机箱设计适用不同的放置环境，既可以像立式机箱一样具有更多的内部空间，也能像卧式机箱一样占用较少的外部空间。

#### 4. 机箱的类型

不同结构类型的机箱中需要安装对应结构类型的主板，机箱的结构类型如下。

- ATX：在ATX结构中，主板安装在机箱的左上方，并且横向放置。电源安装在机箱的右上方，在前置面板上安装存储设备，并且在后置面板上预留了各种外部端口的位置，这样可使机箱内的空间更加宽敞简洁，且有利于散热。
- MATX：也称Mini ATX或Micro ATX结构，是ATX结构的简化版。其主板尺寸和电源结构更小，生产成本也相对较低。最多支持4个扩充槽，机箱体积较小，扩展性有限，适合对计算机性能要求不高的用户。
- ITX：它代表计算机微型化的发展方向，这种结构的机箱大小只相当于两块显卡的大小。但为了外观的精美，ITX机箱的外观样式也并不完全相同。除了安装对应主板的空间一样外，ITX机箱可以有很多的形状。HTPC（Home Theater Personal Computaer，家庭影院个人计算机）通常使用的就是ITX机箱。
- RTX：RTX机箱主要是通过巧妙的主板倒置，配合电源下置和背部走线系统。这种机箱结构可以提高CPU和显卡的散热效能，并且解决以往背线机箱需要超长线材的问题，带来了更合理的空间利用率。

**5. 选购注意事项**

在选购机箱时，还需要考虑机箱的做工、用料、附加功能和主流品牌等。

- 做工和用料：做工方面首先要查看机箱的边缘是否垂直（对合格的机箱来说，边缘垂直是最基本的标准），然后查看机箱的边缘是否采用卷边设计并已经去除毛刺。好的机箱插槽定位准确，箱内还有撑杠，可防止侧面板下沉。用料方面首先要查看机箱的钢板材料（好的机箱采用的是镀锌钢板），然后查看钢板的厚度，现在的主流厚度为0.6mm，一些优质的机箱会采用0.8mm或1mm厚度的钢板。机箱的重量在某种程度上决定了其可靠性和屏蔽机箱内外部电磁辐射的能力。
- 附加功能：为了方便用户使用耳机和U盘等设备，许多机箱都在正面的面板上设置了音频插孔和USB接口。有的机箱还在面板上添加了液晶显示屏，实时显示机箱内部的温度等。用户在挑选时应根据需要用较少的钱买较好的产品。
- 主流品牌：主流的机箱品牌有游戏悍将、航嘉、鑫谷、爱国者、金河田、先马、长城、超频三、Tt、海盗船、酷冷至尊、大水牛和动力火车等。

## 11.2.2　认识和选购电源

电源是为计算机提供"动力"的部件，它通常与机箱一同出售，但也可根据需要单独购买。

**1. 电源的结构**

电源的优劣不仅直接影响着计算机的工作稳定程度，还与计算机的使用寿命息息相关。电源的结构包含以下内容。

- 电源插槽：电源插槽是专用的电源线连接口，通常是一个三针的接口。需要注意的是，电源线所插入的交流插线板，其接地线必须已经接地，否则计算机中的静电将不能被有效释放，这可能导致计算机硬件被静电烧坏。
- SATA电源插头：它是为硬盘提供电能供应的通道。它比D形电源插头要窄一些，但安装起来更加方便。
- 24针主板电源插头：该插头是提供主板所需电能的通道。在早期，主电源插头是一个20针的插头，为了满足PCI-E 16X和DDR2内存等设备的电能消耗，后来主流的电源都在原来20针插头的基础上增加了一个4针的插头。
- 辅助电源插头：辅助电源插头是为CPU等提供电能供应的通道，它有4针、6针和8针等类型，可以为CPU和显卡等硬件提供辅助电源。

**2. 电源的基本参数**

电源的基本参数包括额定功率、风扇大小和保护功能。

- 风扇大小：电源的散热方式主要是风扇散热，风扇的大小有 8cm、12cm、13.5cm 和 14cm 等。风扇越大，相对散热效果越好。

- 额定功率：支持计算机正常工作的功率，是电源的输出功率，单位为 W（瓦）。市面上电源的功率一般为 250~800W。由于计算机的配件较多，需要 300W 以上的电源才能满足需要，现今电源最大的额定功率已达到 2000W。根据实际测试，计算机进行不同操作时，其实际功率不同，且电源额定功率越大，反而更省电。

- 保护功能：保护功能也是影响电源性能的重要指标之一，目前计算机电源常用的保护功能包括过压保护（当输出电压超过额定值时，电源会自动关闭，防止损坏甚至烧毁其他硬件）、短路保护（某些器件可以监测工作电路中的异常情况，当发生异常时切断电路并发出报警，从而防止危害进一步扩大）、过载或过流保护（防止因输出的电流超过原设计的额定值而使电源损坏）、防雷击保护（这项功能针对雷击电源损害而设计）和过热保护（防止电源温度过高导致电源损坏）等。

**3. 电源的安规认证**

安规认证包含产品安全认证、电磁兼容认证、环保认证、能源认证等各方面，是基于保护使用者与环境安全和质量的一种产品认证。能够反映电源产品质量的安规认证包括 80PLUS、3C、CE 和 RoHS 等，对应的标志通常在电源铭牌上标注。

- 80PLUS 认证：80PLUS 是民间出资、为改善未来环境与节省能源而建立的一项严格的节能标准。通过 80PLUS 认证的产品，出厂后会带有 80PLUS 的认证标识。其认证按照 20%、50% 和 100% 这 3 种负载下的产品效率划分等级，分为白牌、铜牌、银牌、金牌和白金 5 个标准，白金等级最高，效率也最高。

- 3C 认证：3C（China Compulsory Certification，中国强制性产品认证）认证包括原来的 CCEE（电工）认证、CEMC（电磁兼容）认证和新增加的 CCIB（进出口检疫）认证。正品电源都应该通过 3C 认证。

- CE 认证：加贴 CE 认证标志的商品表示其符合安全、卫生、环保和消费者保护等一系列欧洲指令的要求。

- RoHS 认证：RoHS 认证是欧盟制定的一项强制性标准，主要用于规范电子电器产品的材料及工艺标准，使之更加有利于人体健康及环境保护。

**4. 选购注意事项**

选购电源时还需要注意以下两个方面的问题。

- 主流品牌：主流的电源品牌有游戏悍将、航嘉、鑫谷、爱国者、金河田、先马、至睿、长城机电、超频三、海盗船、全汉、安钛克、振华、酷冷至尊、大水牛、Tt、GameMax、台达科技、影驰、昂达、海韵、九州风神和多彩等。

- 做工：要判断一款电源做工的好坏，可先从重量开始，一般高档电源比次等电源重；其次，优质电源使用的电源输出线一般较粗；从电源上的散热孔观察其内部，可看到体积和厚度都较大的金属散热片和各种电子元件，优质的电源用料较多，这些部件排列得也较为紧密。

# 11.3 任务实施

下面通过计算计算机的耗电量来选配电源。

**1. 明确计算原则**

所需电源功率的计算其实比较简单，就是辨明整台计算机中每一个配件的最大功率分别是多少，然后把它们相加，得到整台计算机的最大功率。同时，也要注意一下此台计算机中显卡和处理器所需要的

12V 供电的大小。在清楚了这两个需求后，选择合适的电源就不难了。

如果每一个配件都取最大功率进行计算，那么这个值就应该是整台计算机的最大功率。但是，大家也知道计算机中所有部件同时达到满负荷工作的概率非常小（例如很少有人在运行大型游戏时，还需要同时刻录光盘）。所以，计算出来的计算机最大功率，可以作为电源选购时的额定功率最低标尺。而在 12V 供电方面，目前计算机内部主要的用电设备都是依靠 12V 供电的，所以观察电源的 12V 供电能力，能比观察电源额定功率更直观地了解电源功率是否够用。

**2. 掌握各配件的功率**

处理器目前均采用了较好的节能技术，在功率上有着较大的下降。但是由于目前八核处理器的普及，再加高端平台较多采用八核及其以上处理器，所以处理器的功率有着高低差距明显的特点。用户一般可以这样来计算：65nm 工艺的处理器每一个核心的最大功率约为 30W，而 45nm 工艺的处理器每一个核心的最大功率约 25W。用户只要与代入自己的核心数目去计算，就能大致了解自己处理器的功率情况。

主板上的配件虽然比较多，但是主板的耗电量并不大。主板上耗电的主要元件是北桥芯片和南桥芯片，它们的功率一般为 10～15W，而整个主板的功率一般为 15～25W。如果板载芯片较多，又支持节能技术，那么整块主板的功率就比较难计算了。在这里我们为高端主板取 20W 为最大功率，相信能够准确表示最大功率。

内存是非常省电的，特别是现在的 DDR2 和 DRR3 内存，由于制作工艺的提高，电压的下降，功率已经在很低的水平。一般来说，一条双面的 16 颗粒的 DDR2 内存功率为 3～5W。所以用户只需要按照自己使用了多少条内存叠加计算便可。

闲置时，硬盘功率一般在 10W 以下，而工作时，硬盘的功率在 15W 左右。此外，硬盘在启动时对功率要求较高，此时用户可以注意硬盘的标牌，一般都清楚地写着硬盘需要的最大电流值。通过它，用户就能准确计算出硬盘的最大功率。

光驱在工作时，功率一般在 10W 左右；刻录光驱工作时功率稍大，但一般保持在 15W 左右；而光驱在闲置时，功率非常低，只有 2W 左右（几乎可以忽略）。

高端显卡现在成了计算机内部最费电的配件，目前主流显卡的功率均在 60～100W。而个别高端显卡，功率甚至超过了 200W。用户可以观察显卡上的额外供电接口，如果有一个 6 针供电接口，那么此款显卡功率一般就超过了 60W；如果有两个 6 针或 8 针供电接口，那么此款显卡的功率可能会超过 150W。

**3. 学会计算方法**

现在，大家就根据自己计算机的具体情况，把各部分配件的功率加起来吧。

处理器功率+显卡功率=功率A

主板功率+内存功率+硬盘功率+光驱功率=功率B

功率A+12V=所需电流

功率A+功率B=电脑整体功率

选择电源时，首先看 12V 供电大小是否满足计算机 12V 的供电需求。一般电源供电的 12V 比计算机所需的 12V 供电多出 30%较好。而电源的额定功率稍微大计算机的最大功率几十瓦就可以了。

## 任务 12　认识和选购鼠标及键盘

鼠标和键盘是计算机的主要输入设备。虽然现在有触摸式计算机，但对于各种操作和文字输入，鼠标和键盘更方便、快捷。

## 12.1　任务目标

本任务将介绍鼠标及键盘的外观、参数和选购注意事项等。通过本任务的学习，可以全面了解键盘和鼠标，并学会如何进行选购。

## 12.2　相关知识

下面就分别介绍鼠标、键盘的相关知识。

### 12.2.1　认识和选购鼠标

鼠标对计算机的重要性甚至超过了键盘，因为所有的键盘操作都可以通过鼠标实现，即使是文本输入也可以通过鼠标实现。下面就介绍鼠标的相关知识。

**1. 鼠标的外观**

鼠标是计算机的两大输入设备之一，其英文名称为 Mouse。通过鼠标可完成单击、双击、选择等一系列操作。图 2-40 所示为鼠标的外观。

图 2-40　鼠标的外观

**2. 鼠标的基本性能参数**

鼠标的基本性能参数包括以下 6 个方面。

● 鼠标大小：根据鼠标长度来划分鼠标大小——大鼠（≥120mm）、普通鼠（100～120mm）、小鼠（≤100mm）。

● 适用类型：可针对不同类型的用户划分鼠标的适用类型，如经济实用、移动便携、商务舒适、游戏竞技和个性时尚等。

● 工作方式：鼠标的工作原理，目前常见的有光电、激光和蓝影 3 种，激光鼠标和蓝影鼠标从本质上说也属于光电鼠标。光电鼠标是通过红外线等来检测鼠标的位移，将位移信号转换为电脉冲信号，再通过程序的处理和转换来控制屏幕上的鼠标指针的移动的鼠标类型；激光鼠标则是使用激光作为定位的照明光源的鼠标类型，特点是定位更精确，但成本较高；蓝影鼠标则是使用普通光电鼠标配合蓝光二极管照到透明的滚轮上的鼠标类型，蓝影鼠标性能优于普通光电鼠标，但差于激光鼠标。

● 连接方式：鼠标的连接方式主要有有线、无线和双模式（具有有线和无线两种使用模式）3 种。其中，无线方式又分为蓝牙和多连（是指好几个具有多连接功能的同品牌产品通过一个接收器进行操作的能力）两种。

● 接口类型：主要有 PS/2、USB 和 USB+PS/2 双接口 3 种，具有接口的鼠标的连接方式都是有线。

● 按键数：按键数是指鼠标按键的数量。现在的按键数已经从两键、三键，发展到了四键甚至八键乃至更多键，一般来说按键数越多，鼠标价格越高。

**3. 鼠标的技术参数**

影响鼠标性能的技术参数包含最高分辨率、分辨率可调、刷新率、人体工学和微动开关的使用寿命。

- 最高分辨率：鼠标的分辨率越高，在一定距离内定位的定位点也就越多，能更精确地捕捉到微小移动，有利于精准定位；另外，分辨率越高，鼠标在移动相同物理距离的情况下，计算机中指针移动的逻辑距离会越远。目前主流的光电式鼠标的分辨率多为 2000cpi 左右，最高可达 6000cpi。

- 分辨率可调：可以通过选择挡位来切换鼠标的灵敏度，也就是鼠标指针的移动速度，现在市面上的鼠标分辨率最大可以到 8 挡可调。

- 刷新率：主要是针对光电鼠标，又被称为采样率，是指鼠标的发射口在每一秒钟接收光反射信号并将其转化为数字电信号的次数。刷新率越高，鼠标的反应速度越快。

- 人体工学：人体工学是指工具的使用方式尽量适合人体的自然形态，在工作时使身体和精神不需要任何主动适应，从而减少因适应使用工具造成的疲劳感。鼠标的人体工学设计主要是造型设计，分为对称设计、右手设计和左手设计 3 种类型。

- 微动开关的使用寿命（按键使用寿命）：微动开关的作用是将用户按键的操作传输到计算机中，优质鼠标要求每个微动开关的正常寿命都不低于 10 万次的单击且手感适中，不能太软或太硬。劣质鼠标按键不灵敏，会给操作带来诸多不便。

**4. 选购注意事项**

在选购鼠标时，首先可以从选择适合自己手感的鼠标入手，然后考虑鼠标的功能、性能指标和品牌等方面。

- 手感：鼠标的外形和材料决定了其手感，用户在购买时应亲自试用再做选择。手感的标准包括鼠标表面的舒适度、按键的位置分布以及按键与滚轮的弹性、灵敏度等。对于采用人体工学设计的鼠标，还需要测试鼠标的外形是否利于把握。

- 功能：一般的计算机用户选择普通的鼠标即可；而有特殊需求的用户，如游戏玩家，则可以选择按键较多的多功能鼠标。

- 主流品牌：现在市面上主流的鼠标品牌有双飞燕、雷柏、血手幽灵、达尔优、富勒、新贵、雷蛇、罗技、樱桃、狼蛛、明基、微软、华硕和长城机电等。

## 12.2.2　认识和选购键盘

键盘对计算机的作用主要是文本输入和程序编辑，使用快捷键能提升操作计算机的效率。下面就介绍键盘的相关知识。

**1. 键盘的外观**

键盘主要用于文字输入和快捷操作。虽然现在键盘的操作都可由鼠标或手写板等设备完成，但在文字输入方面的方便、快捷性决定了键盘仍然占有重要位置。键盘的外观如图 2-41 所示。

图 2-41　键盘的外观

**2. 键盘的基本性能参数**

键盘的基本性能参数包括以下 4 个方面。

- 产品定位：针对不同类型的用户，除了标准类型外，还有多媒体、笔记本、时尚超薄、游戏竞技、机械、工业和多功能等类型。
- 连接方式：现在键盘的连接方式主要有有线、无线两种。
- 接口类型：主要有 PS/2、USB 和 USB+PS/2 双接口 3 种。
- 按键数：键盘按键的数量，标准键盘为 104 键，现在市场上还有 87 键、107 键和 108 键等类型。

### 3. 键盘的技术参数

键盘的主要技术参数包括以下 5 个方面。

- 防水功能：水一旦进入键盘内部，就可能会造成键盘损坏。具有防水功能的键盘，一般使用寿命比不防水的键盘长。
- 人体工学：人体工学键盘的外观与传统键盘大相径庭，一般采用流线设计，不仅美观而且实用性强。图 2-42 所示为人体工学键盘。

图 2-42　人体工学键盘

- 按键寿命：键盘按键可以敲击的次数，普通键盘的按键寿命在 1000 万次以上。如果按键的力度大、频率高，按键寿命会降低。
- 按键行程：按下一个键到恢复正常状态的距离。如果敲击键盘时感到按键上下起伏比较明显，就说明它的按键行程较长。按键行程的长短关系到键盘的使用手感，按键行程较长的键盘会让人感到弹性十足，但比较费劲；按键行程适中的键盘，则让人感到柔软舒服；按键行程较短的键盘，长时间使用会让人感到疲惫。
- 按键技术：键盘按键所采用的工作方式，目前主要有机械轴、X 架构和火山口架构 3 种。机械轴是指键盘的每一个按键都有一个单独的开关来控制闭合，这个开关就是"轴"，使用机械轴的键盘也被称为机械键盘，机械轴又包含黑轴、红轴、茶轴、青轴、白轴、凯华轴和 Razer 轴 7 种类型。X 架构又叫剪刀脚架构，它使用平行四连杆机构代替开关，在很大程度上保证了键盘敲击力道的一致性，使作用力平均分布在键帽的各个部分，敲击力道小而均衡，噪声小，手感好，价格稍高。火山口架构主要由卡位来完成开关的功能，2 个卡位的键盘相对便宜，且设计简单，但容易造成掉键和卡键问题；4 个卡位的键盘比 2 个卡位的有着更好的稳定性，不容易出现掉键问题，但价格略高。

### 4. 选购键盘的注意事项

因每个人的手形、手掌大小均不同，因此在选购键盘时，不仅需要考虑功能、外观和做工等多方面的因素，还应对产品进行试用，从而找到适合自己的产品。

- 功能和外观：虽然键盘上按键的布局基本相同，但各个厂家在设计产品时，一般还会添加一些额外的功能，如多媒体播放按钮和音量调节键等。在外观设计上，优质的键盘布局合理、美观，并会引入人体工学设计，提升产品使用的舒适度。

- 做工：优质的键盘面板颜色清爽、字迹显眼，键盘背面有产品信息和合格标签；用手敲击各按键时，弹性适中，回键速度快且无阻碍，声音小，键位晃动幅度小；抚摸键盘表面会有类似于磨砂玻璃的质感，且表面和边缘平整，无毛刺。
- 主流品牌：现在市面上主流的键盘品牌有双飞燕、雷柏、海盗船、血手幽灵、达尔优、富勒、雷蛇、罗技、樱桃、狼蛛、明基、微软、联想、华硕和金河田等。

## 12.3 任务实施

### 12.3.1 测试键盘按键

测试键盘按键的方法如下。

- 下载键盘检测工具，比如 PassMark Keyboard Test。
- 打开软件之后按键盘上的按键，软件上对应的按键就会显示黄色，如果有按键冲突就会显示红色，没有冲突的按键就会变成绿色（可以同时尽量多地按键）。若是错按键盘，可以使用"清除"功能重置键盘冲突测试。

### 12.3.2 测试鼠标双击速度

在控制面板中右击"鼠标"，可以设置鼠标双击速度。使用 Windows 优化大师，在系统信息测试中"其他外部设备"处可以看到鼠标双击速度为"××毫秒"。

## 任务 13 认识和选购周边设备

通常所说的计算机周边设备是指对计算机的正常工作起到辅助作用的硬件设备，如打印机、扫描仪等。即使计算机不连接或不安装这些硬件设备，也能正常运行。

## 13.1 任务目标

本任务将介绍计算机的常用周边设备，包括音箱、U 盘、移动硬盘、打印机、扫描仪、摄像头等。通过本任务的学习，可以全面了解这些周边设备，并学会如何进行选购。

## 13.2 相关知识

下面将分别介绍这些周边设备的相关知识。

### 13.2.1 认识和选购音箱

音箱其实就是将音频信号进行还原并输出的工具，声卡将输出的声音信号传送到音箱中，音箱将信号还原成人耳能听见的声波。

#### 1. 音箱的外观

普通的计算机音箱通常由功放和卫星音箱组成。图 2-43 所示为普通音箱的外观。

- 功放：就是功率放大器，其功能是将低电压的音频信号放大后推动音箱扬声器工作。由于计算机音箱的特殊性，通常也将各种接口和按钮集成在功放上。
- 卫星音箱：功能是将电信号通过机械运动转化成声能，通常有两个及以上，分别输出左、右声道的信号。

图2-43　普通音箱的外观

**2. 性能指标**

音箱的性能指标包括以下8项。

● 声道数：音箱所支持的声道数是衡量音箱性能的重要指标之一，从单声道到环绕立体声，这一指标与声卡的基本一致。

● 有源与无源：有源音箱又称为"主动式音箱"，通常是指带有功率放大器的音箱。无源音箱又称为"被动式音箱"。无源音箱就是内部不带功放电路的普通音箱，有源音箱带有功率放大器，其音质通常比同等级的无源音箱好。

● 控制方式：音箱的控制和调节方法，它关系到用户界面的舒适度。主要有3种控制方式，第一种是常见的旋钮式和按键式，也是造价较低的；第二种是信号线控制设备，就是将音量控制和开关放在音箱信号输入线上，成本不会增加很多，但操控却很方便；第三种是较优秀的控制方式，就是使用一个专用的数字控制电路来控制音箱的工作，配有外置的独立线控或遥控器来控制。

● 频响范围：这是考量音箱性能优劣的一个重要指标，它与音箱的性能和价位有着直接的关系，其频率响应的分贝值越小，说明音箱的频响曲线越平坦、失真越小、性能越高。从理论上讲，20Hz～2000Hz的频率响应足够。

● 扬声器材质：低档塑料音箱因其箱体单薄、难以克服谐振，基本无音质可言（也有部分设计好的塑料音箱要远远好于劣质的木制音箱）；木制音箱降低了箱体谐振所造成的音染，音质普遍好于塑料音箱。

● 扬声器尺寸：扬声器尺寸越大越好，大口径的低音扬声器能在低频部分有更好的表现。普通多媒体音箱低音扬声器的尺寸多为3～5英寸。

● 信噪比：音箱回放的正常声音信号与无信号时噪声信号（功率）的比值。信噪比数值越高，噪声越小。

● 阻抗：它是指扬声器输入信号的电压与电流的比值。高于160Ω的是高阻抗，低于82Ω的是低阻抗，音箱的标准阻抗是89Ω。建议不要购买低阻抗的音箱。

**3. 选购注意事项**

选购音箱时还需要注意以下4个方面。

● 重量：音箱首先得看它的重量，质量好的产品一般比较重，这能说明它的板材、扬声器都是好材料。

● 功放：功放也是音箱比较重要的组件，需注意质量是否合格。

● 防磁：音箱是否防磁也很重要，尤其是卫星音箱必须防磁，否则会导致显示器有花屏的现象。

- 品牌：主流的音箱品牌有惠威、漫步者、飞利浦、麦博、DOSS、奋达、JBL、BOSE、索尼、慧海、三诺、罗技、爱国者、魔杰和美丽之音等。

## 13.2.2 认识和选购移动存储设备

通常所说的移动存储设备是指 U 盘和移动硬盘，但随着固态盘技术的发展，某些固态盘也具备了移动存储设备的特点和功能。

### 1. U 盘

U 盘的全称是 USB 闪存盘，它是一种使用 USB 接口的不需要物理驱动器的微型高容量移动存储设备，通过 USB 接口与计算机进行连接，可即插即用。图 2-44 所示为 U 盘的外观。

图 2-44　U 盘的外观

- 接口类型：U 盘的接口类型主要包括 USB 2.0/3.0/3.1、Type-C 和 Lightning 等。
- 小巧便携：U 盘体积很小，有的仅大拇指般大小。重量极轻，一般在 15g 左右，特别适合随身携带，可以把它挂在胸前、吊在钥匙串上，甚至放进钱包里。
- 存储容量大：一般的 U 盘容量有 4GB、8GB、16GB、32GB、64GB，除此之外还有 128GB、256GB、512GB、1TB 等。
- 抗震：U 盘中无任何机械式装置，抗震性能极强。
- 其他特性：U 盘还具有防潮防磁、耐高低温等特性，安全可靠性较好。
- 品牌：主流的品牌有闪迪、PNY、台电、爱国者、金士顿和朗科等。

### 2. 移动硬盘

移动硬盘是以硬盘为存储介质，用于与计算机交换大容量数据，强调便携性的存储产品。移动硬盘的主要性能参数和普通硬盘相差不大，只是在移动便携性上更胜一筹。图 2-45 所示为移动硬盘的外观。

图 2-45　移动硬盘的外观

- 容量大：市场上的移动硬盘的容量有 320GB、500GB、600GB、640GB、900GB、1TB、2TB、3TB、4TB、12TB 等，TB 级容量的移动硬盘已经成为市场主流。

- 体积小：移动硬盘的尺寸分为 1.8 英寸（超便携）、2.5 英寸（便携式）和 3.5 英寸（桌面式）3 种。

- 接口丰富：现在市面上的移动硬盘分为无线和有线两种，有线的移动硬盘一般采用 USB2.0/3.0、eSATA 或 Thunderbolt 接口。

- 良好的可靠性：移动硬盘多采用硅氧盘片，这是一种比铝、磁盘片更为坚固耐用的盘片，并且具有更大的存储量和更好的可靠性，更能保证数据的完整性。

- 品牌：主流的品牌有希捷、西部数据、东芝、朗科、爱国者和纽曼等。

### 13.2.3　认识和选购打印机

打印机的主要功能是将计算机中的文档和图形文件快速、准确地打印到纸张等媒体上，是计算机系统中重要的输出设备之一，在现代化办公中经常使用。

**1. 打印机的类型**

打印机分类方式非常简单，按照打印技术的不同，可分为针式打印机、喷墨打印机、激光打印机、热升华打印机和 3D 打印机 5 种类型。对普通计算机用户来说，市场产品最多、使用频率最高的是喷墨打印机和激光打印机两种。图 2-46 所示为普通喷墨打印机的外观。

图 2-46　普通喷墨打印机的外观

- 喷墨打印机：其原理是通过喷墨头喷出的墨水实现打印操作，使用的耗材是墨盒，墨盒内装有不同颜色的墨水。主要优点是体积小、操作简单方便、打印噪声低，使用专用纸张时可打出和照片相媲美的图片等。根据产品的定位，喷墨打印机又分为照片、家用、商用和光墨 4 种类型。

- 激光打印机：一种利用激光束进行打印的打印机。其原理是一个半导体滚筒在感光后，刷上墨粉，再在纸上滚一遍，最后用高温定型，将文本或图形印在纸张等媒体上，用的耗材是硒鼓和墨粉。其优点是彩色打印效果优异、成本低和品质好，适合打印文档量较大的办公用户。激光打印机可分为两种类型：黑白激光打印机和彩色激光打印机。

**2. 共有性能指标**

最常用的激光打印机和喷墨打印机所共有的性能指标如下。

- 打印分辨率：该指标是判断打印机输出效果好坏的一个直接依据，也是衡量打印机输出质量的重要参考标准。通常打印机的分辨率越高，打印效果越好。

- 打印速度：打印速度指标表示打印机每分钟可输出多少页面，通常用 PPM（Pages Per Minute，页每分钟）和 IPM（Inchs Per Minute，英寸每分钟）这两个单位来衡量。这个值也是越大越好，越大表示打印机的工作效率越高。

- 打印幅面：打印机可处理的打印幅面包括 A4 和 A3 两种，对个人家庭用户或者规模较小的办公用户来说，使用 A4 幅面的打印机即可；对使用频繁或者需要处理大幅面的办公用户或者单位来说，可以考虑选择使用 A3 幅面的打印机。

- 可操作性：在打印过程中经常会涉及如何更换打印耗材、如何让打印机按照指定要求进行工作，以及打印机在出现各种故障时该如何处理等问题。面对这些可能出现的问题，普通用户必须考虑打印机的可操作性，即设置方便、更换耗材步骤简单、遇到问题容易排除的打印机，才是普通大众的选择目标。

- 纸匣容量：纸匣容量指标表示打印机输出纸盒的容量与输入纸盒的容量，即打印机到底支持多少输入、输出纸匣，每个纸匣可容纳多少打印纸张。该指标是打印机纸张处理能力大小的评价标准之一，同时还可间接说明打印机自动化程度的高低。

- 纸张处理能力：若打印机同时支持多个不同类型的输入、输出纸匣，且打印纸张存储总容量超过 1 万张，另外还能附加一定数量的标准信封，则说明该打印机的实际纸张处理能力很强。使用这种类型的打印机可在不更换托盘的情况下，支持各种不同尺寸的打印工作，减少更换、填充打印纸张的次数，提高打印机的工作效率。

### 3. 激光打印机的特有指标

激光打印机有一些自身特有的性能指标。

- 最大输出速度：表示激光打印机在横向打印普通 A4 纸时的实际打印速度。从实际的打印过程来看，激光打印机在输出英文字符时的最大输出速度超过输出中文字符的最大输出速度；在横向的最大输出速度大于在纵向的最大输出速度；在打印单面时的最大输出速度高于打印双面时的最大输出速度。

- 预热时间：打印机从接通电源到加热至正常运行温度时所消耗的时间。通常个人型激光打印机、普通办公型激光打印机的预热时间为 30s 左右。

- 首页输出时间：打印机从开始接收信息到完成输出第一张页面所耗费的时间。通常个人型激光打印机、普通办公型激光打印机的首页输出时间为 20s 左右。

- 内置字库：若激光打印机包含内置字库，那么计算机就可以把所要输出字符的国标编码直接传送给打印机来处理，这一过程需要完成的信息传输量只有很少的字节，激光打印机打印的速度将增加。

- 打印负荷：打印工作量，这一指标决定了打印机的可靠性。这个指标通常以月来衡量。打印负荷高的打印机比打印负荷低的可靠性要高许多。

- 网络性能：包括激光打印机在进行网络打印时所能达到的处理速度、在网络上的安装操作方便程度、对其他网络设备的兼容情况，以及网络管理控制功能等。

### 4. 喷墨打印机的特有指标

喷墨打印机拥有自身独有的性能指标，主要表现在以下 4 个方面。

- 输出效果：打印质量。该指标用于衡量彩色喷墨打印机在处理不同打印对象时所表现出的效果，这是挑选彩色喷墨打印机最基本也是最重要的标准之一。

- 色彩数目：色彩数目是衡量彩色喷墨打印机包含彩色墨盒数多少的参考指标，该数目越大，则打印机可以处理的图像色彩越丰富。

- 打印噪声：和激光打印机相比，喷墨打印机在工作时会发出较大的噪声。该指标的大小通常以分贝为单位，在选择时应尽量挑选打印噪声比较小的喷墨打印机。

- 墨盒类型：墨盒是喷墨打印机最主要的消耗品，有分体式和一体式两种类型。一体式墨盒能手动添加墨水，且有长期的质量保证，但价格一般较高；分体式墨盒则不允许操作者随意添加墨水，因此它的重复利用率不高，但价格一般较低。

**5．选购注意事项**

选购打印机时的注意事项如下。

● 明确使用目的：在购买之前，首先要明确购买打印机的目的，也就是需要什么样的打印品质。很多家庭用户需要打印照片，那么就选择在彩色打印方面比较出色的产品。而用于办公商用的打印机，更注重文本打印能力。

● 售后服务：售后服务是挑选打印机时必须关注的内容之一。一般而言，打印机销售商会许诺一年的免费维修服务，但打印机体积较大，因此最好要求打印机生产厂商在全国范围内提供免费的上门维修服务。若厂家没有办法或者无力提供上门服务，打印机的维修将变得很麻烦。

● 整机价格：价格绝对是选购的重要指标。尽管"一分价钱一分货"是市场经济竞争永恒不变的规则，不过对许多用户来说，价格指标往往左右着他们的购买欲望。尽量不要选择价格太高的产品，因为价格越高，其"缩水"的程度也将越"厉害"

● 品牌：国内打印机市场主流品牌包括惠普、佳能、兄弟、爱普生、三星、富士、施乐、OKI、理光、联想、奔图、京瓷、利盟、方正和戴尔等。

## 13.2.4　认识和选购扫描仪

扫描仪的主要功能是将外部图片或文字导入计算机中，是计算机系统中重要的输入设备之一，在现代化办公中经常用到。

**1．扫描仪的类型**

扫描仪的种类繁多，根据扫描仪扫描介质和用途的不同，可将扫描仪分为平板式扫描仪、书刊扫描仪、胶片扫描仪、馈纸式扫描仪和文本仪。除此之外，还有便携式扫描仪、扫描笔、高拍仪和 3D 扫描仪等。目前使用最多的是平板式扫描仪和馈纸式扫描仪。图 2-47 所示为普通扫描仪的外观。

图 2-47　普通扫描仪的外观

● 平板式扫描仪：又称为平台式扫描仪或台式扫描仪。这种扫描仪诞生于 1984 年，是目前办公用扫描仪的主流产品。

● 馈纸式扫描仪：又称为滚筒式扫描仪。由于平板式扫描仪价格较高，便携式扫描仪扫描宽度小，为满足 A4 幅面文件扫描的需要，推出了馈纸式扫描仪。

**2. 主要性能指标**

家用和办公主要以平板式扫描仪为主，下面的性能指标也主要针对平板式扫描仪。

● 分辨率：分辨率表示扫描仪对图像细节的扫描能力，决定了扫描仪所记录图像的细致度，单位为 DPI（Dot Per Inch，点每英寸）。分辨率越高，扫描图像的品质越好。目前大多数扫描仪的分辨率为 300～2400 DPI。

● 色彩深度和灰度值：较高的色彩深度位数可尽可能保证扫描仪保存的图像色彩与实物的真实色彩一致，且图像色彩会更加丰富。灰度值则是进行灰度扫描时对图像由纯黑到纯白整个色彩区域进行划分的级数，编辑图像时一般都使用 8bit，即 256 级，而主流扫描仪通常为 10bit，有的可达 12bit。

● 感光元件：感光元件是扫描图像的拾取设备，相当于人的眼睛。目前使用的感光元件有光电倍增管、电荷耦合器件（CCD）和接触式感光元件（CIS 或 LIDE）3 种。CCD 是市场上主流扫描仪所采用的感光元件，部分扫描仪采用 CIS 作为感光元件。

● 扫描仪的接口：扫描仪的接口通常分为 SCSI（Small Computer System Interface，小型计算机系统接口）、EPP（Enhanced Parallel Port，增强型并行端口）和 USB 接口。采用 SCSI 和 EPP 的扫描仪产品较少。USB 接口速度快，使用更方便（支持热插拔），一般家庭用户可选购 USB 接口的扫描仪。

**3. 选购注意事项**

如今的扫描仪越来越便宜。下面简要介绍平板式扫描仪的选购注意事项。

● 手持式扫描仪也有市场。如果经常扫描文章，那么价格较低的手持式扫描仪较合适。

● 购买光学分辨率较高的扫描仪，使用分辨率和色彩深度在这个档次的扫描仪扫描，通过艺术级的照片打印机所打印出的照片与照相馆制作出的照片几乎没有区别。

● 带有 USB 2.0 的扫描仪已成为市场的主流，要想使用最适宜的传送速度进行扫描，还必须配套带有 USB 2.0 接口的计算机。

● 主流的扫描仪品牌有惠普、爱普生、松下、佳能、富士通、方正、中晶、柯达、明基、虹光、汉王、联想、德意拍、蒙恬、清华同方、紫图和紫光等。

## 13.2.5　认识和选购摄像头

由于网络的普及，人们对视频交流的要求很高，所以摄像头在计算机配件中的重要性越来越高。下面将介绍摄像头的相关知识。

**1. 认识摄像头**

摄像头作为一种视频输入设备，广泛运用于视频会议、远程医疗、实时监控等方面。普通人也可以彼此通过摄像头在网络上进行交谈和沟通。摄像头在计算机中的应用有视频聊天、环境（家庭、学校和办公室）监控、幼儿和老人看护等。

**2. 选购注意事项**

选购摄像头时需要注意以下事项。

● 感光元件：分为 CCD 和 CMOS 两种。CCD 成像水平和质量要高于 CMOS，但价格较高，常见的摄像头多用价格相对低的 CMOS 作为感光器。

● 像素：像素是区分摄像头好坏的重要因素，市面主流摄像头产品多在 1000 万像素左右。

● 镜头：摄像头的镜头一般是由玻璃镜片或者塑料镜片组成，玻璃镜片的成本比塑料镜片高，但在透光性以及成像质量上都有较大优势。

● 最大帧数：帧数就是在 1s 时间里传输图片的张数，通常用 FPS（Frame Per Second，帧每秒）表示，值越大，显示的动作越流畅，主流摄像头的最大帧数为30FPS。

- 对焦方式：主要有固定、手动和自动3种。其中，手动对焦通常需要用户对摄像头的对焦距离进行手动选择。而自动对焦则是由摄像头对拍摄物体进行检测，确定物体的位置并驱动镜头的镜片进行对焦。
- 视场：视场代表着摄像头能够观察到的最大范围，通常以角度来表示。视场越大，观测范围越大。
- 主流品牌：主流的摄像头品牌有罗技、蓝色妖姬、微软、乐橙、中兴、双飞燕、Wulian、纽曼、台电、彗星、爱耳目、联想、天敏和爱国者等。

### 13.2.6 认识触摸屏

触摸屏（Touch Screen）又称为触控屏或触控面板，是可接收触头等输入信号的感应式液晶显示装置。当接触屏幕上的图形按钮时，屏幕上的触觉反馈系统可根据预先编程的程式驱动装置。触摸屏可用以取代机械式的按钮面板，并借由液晶显示画面制造出生动的影音效果。利用这种技术，用户只要用手指轻轻地碰计算机显示屏上的图符或文字就能实现对主机的操作，从而使人机交互更为直截了当，大大方便了那些"不懂操作"的用户。触摸屏如图2-48所示。

图2-48　触摸屏

#### 1. 触摸屏的工作原理和分类

触摸屏工作时，我们必须首先用手指或其他物体"触摸"安装在显示器前端的触摸屏，然后系统根据触摸的图标或菜单位置来定位选择信息输入。触摸屏由触摸检测部件和触摸屏控制器组成。触摸检测部件安装在显示器屏幕前面，用于检测用户触摸位置；而触摸屏控制器的主要作用是从触摸点检测装置上接收触摸信息，并将它转换成触点坐标，再送给CPU，同时能接收CPU发来的命令并加以执行。

从技术原理来区别触摸屏，可分为两类：电阻屏和电容屏。

- 电阻屏。电阻式触摸屏是一种传感器，简称电阻屏。它将矩形区域中触摸点的物理位置转换为代表坐标值的电压。电阻屏的优点是屏幕和控制系统都比较便宜，反应灵敏度也很好。电阻屏是一种对外界完全隔离的工作环境，不怕灰尘和水汽，能适应各种恶劣的环境，几乎可以用任何物体来触摸，稳定性能较好。电阻屏的缺点是屏幕外层薄膜容易被划伤导致触摸屏损坏，手持设备通常需要加大背光源来弥补透光性不好的问题，这将导致增加电池的消耗。
- 电容屏。电容式触摸屏简称电容屏，是在玻璃表面贴上一层透明的特殊金属导电物质。当手指触摸在金属层上时，触点的电容就会发生变化，使与之相连的振荡器频率发生变化，通过测量频率变化可以确定触摸位置。电容屏采用双层玻璃设计，不但能保护导体及感应器，更能有效防止外在环境因素对触摸屏造成影响，就算屏幕沾有尘埃或油渍，电容屏依然能准确感应到触摸位置。虽然电容屏拥有诸多优点，但是因为其材料特殊、工艺精湛，因而造价较高。当然这也根据厂商的不同而不同，一般来说电容屏的价格会比电阻屏高 15%～40%。目前电容屏的价格已经下降到普通消费者可以接受的范围内，因此市场上的多数平板电脑都采用的是电容屏。

**2. 触摸屏的应用**

触摸屏在我国的应用范围非常广阔，包括公共信息查询、工业控制、军事指挥、电子游戏、点歌点菜和多媒体教学等。目前，触摸屏已经走入家庭，在手机和各种小型通信娱乐设备上得到了广泛的应用。触摸屏用手指代替了键盘、鼠标，又在特定的场合减少了鼠标、键盘占用的空间。

触摸屏在计算机领域最成功的应用是平板电脑。平板电脑是一种小型、方便携带的个人计算机，以触摸屏作为基本的输入设备。

## 13.3 任务实施

### 13.3.1 测试网卡

（1）按"Win+R"键打开"运行"对话框，输入"cmd"命令，如图 2-49 所示。

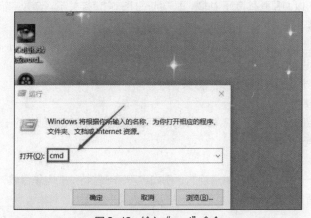

图 2-49 输入"cmd"命令

（2）单击"确定"按钮，如图 2-50 所示。

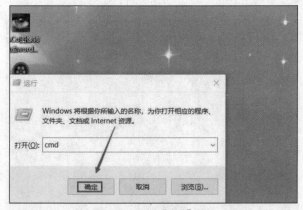

图 2-50 单击"确定"按钮

（3）在弹出的命令提示符窗口中输入"ipconfig/all"命令并按 Enter 键，如图 2-51 所示。

图 2-51 输入"ipconfig / all"命令

完成上述步骤后，就可以查看网卡的运行状态。

## 13.3.2 测试音箱

可以通过一些试听技巧来测试音箱。

**1. 低音部分**

音箱的低音效果可以说是整体音质中非常重要的一环，它直接关系到音效的饱满度和震撼效果。对于音箱低音部分的性能，可进行如下测试。

● 在音箱的旁边上放一杯水，低音效果好的音箱能够引起水杯的振动，水杯中的水会泛起涟漪。低音效果越好的音箱，其振动效果越明显，而且振动时间越长。

● 武器声、爆炸声效的表现越真实，效果越好。

**2. 中音部分**

中音部分对大多数的音箱产品来说，比较难分辨其音质的好坏。中音部分的主要功能是产生真实感，对其的测试是观看多声道的电影。

**3. 高音部分**

音箱的高音效果一般来说都是非常直观的，例如歌声和一些特殊的电子音效，甚至一些超过听力范围的极端声音。对高音部分进行测试，可使用一些高音人声来感受。

## 13.3.3 测试摄像头

（1）找到并单击计算机屏幕左下角的 Windows 图标，如图 2-52 所示。

图 2-52 Windows 图标

（2）找到并单击"相机"，如图 2-53 所示。

图 2-53　单击"相机"

（3）如果这样即可启动摄像头，能正常显示相应内容，则表示摄像头正常。

### 13.3.4　测试绘图板压感

当笔在绘图板上方 1~2cm 移动时，鼠标指针会跟随移动，这就是电磁感应的效果；当笔接触移动时，随着力度的大小，笔划有粗、细、浓、淡的不同变化，这是压感的效果。我们称上述效果的表现为电磁压感，而反映压感变化的最高级别为 1024 级，称 1024 级别电磁压感。鉴别 1024 级别电磁压感性能除了观察压力测试面板中的"压力计"外，还可看笔划的边际是否细腻、平滑，这一点在专业绘图设计中尤为重要。

## 任务 14　认识常见笔记本电脑的类型与品牌

随着科技的发展，计算机已经成为人们办公、娱乐不可缺少的工具。而传统的台式计算机因为难以移动、不便随身携带等缺点使得小巧便携的笔记本电脑应运而生。经过多年的发展，笔记本电脑更新换代，变得类型多样、品牌繁多，能满足人们的工作与休闲需求。

### 14.1　任务目标

本任务的目标是帮助读者了解常见笔记本电脑的类型、品牌特点，并且掌握查看具有权威认证（Evo认证）的笔记本电脑的方法。

### 14.2　相关知识

通常在提到笔记本电脑时，我们会关注它的类型，比如是轻薄本还是游戏本，这能够从某种层面反映笔记本电脑的性能。而笔记本电脑的品牌也是非常重要的参考因素，不同品牌的笔记本电脑往往各有其特点。

#### 14.2.1　常见笔记本电脑的类型

**1. 轻薄本**

顾名思义，轻薄本以重量轻、体积小为特点，在外观上往往比较小巧、美观。在功能上，轻薄本基本可以满足一般的处理需求，性能不俗，且电池续航能力较强，吸引了众多"白领"及大学生购买使用。

但是，为了保障其便携性，轻薄本的配件往往能耗更低，这势必会限制笔记本电脑的性能。因此，轻薄本一般不适合运行对性能要求高的大型程序或大型游戏，而是更多地适用于轻量级的办公、娱乐情景。

### 2. 游戏本

游戏本最大的特点就是性能优越，无论是处理器还是显卡的性能都比轻薄本好不少，能够满足用户大型游戏需求或者完成较繁重的工作任务，较强散热功能也为运行高功耗的程序提供了保障。是许多从事相关领域人士或主机游戏爱好者的不二选择。

但是，普通的游戏本较为笨重，同时续航能力不是很好，价格也略高一些。虽然有相对轻薄些的游戏本，但是价格就会比普通本高出 40%左右。

### 3. 商务办公本

商务办公本在一定程度上综合了轻薄本和游戏本的优点，比较轻便，同时相较于轻薄本有独立显卡，性能提升了不少；相较于游戏本则更为便携，对专业软件和中型游戏的运行能力较强。

有些高性能本的续航能力也有所提升，可以满足略微高一些的性能需求。但是由于体积所限，散热性能可能受到限制。此外，商务办公本的价格略高。

## 14.2.2 常见笔记本电脑的品牌

当今，绝大多数计算机制造商都在进行笔记本电脑的研发和生产。产品的各个要素，无论是体积、性能、价格、外观，都可体现各个品牌的竞争力。

### 1. 联想

联想作为国人最为熟悉的笔记本电脑品牌之一，其在中国的市场占有率一直居高不下。在 2005 年收购"ThinkPad"后，Lenovo 和 ThinkPad 两大商标共同奠定了联想全球第一 PC 品牌的地位。

目前在售的笔记本电脑中，ThinkPad 系列主要定位为商务本，包含 ThinkPad 的多个系列以及 Thinkbook 系列。Lenovo 系列中，游戏本为拯救者系列，商务本为主打轻薄与性价比的小新系列，定位较为高端的是 YOGA 系列与早期的 IdeaPad 系列。联想笔记本电脑的外观如图 2-54 所示。

### 2. 惠普

惠普是全球知名的笔记本电脑制造品牌。在 2002 年收购了竞争对手康柏电脑后，其 PC 业务发展成为重点。目前在售的笔记本电脑中，主要有游戏本的"暗影精灵"、"光影精灵"系列，轻薄本的"星系"列，高性能全能本的"战"系列。惠普笔记本电脑的外观如图 2-55 所示。

图 2-54　联想笔记本电脑的外观

图 2-55　惠普笔记本电脑的外观

### 3. 苹果

苹果笔记本电脑依托于闻名全球的苹果公司及其独立生态，一直为广大消费者所欢迎，不仅外观亮眼并且硬件可靠，是许多"果粉"的第一选择。其外观精致、高端，如图 2-56 所示。

目前在售的苹果笔记本电脑主要有 MacBook Air、MacBook Pro 两类，目标市场明确。Air 系列较为实惠，配置相对较低；Pro 系列则为高端系列，且有不同屏幕尺寸供选择。

**4. 戴尔**

戴尔是一家非常老牌的笔记本电脑公司，以其 IT 直销享誉全球。在全球笔记本电脑排行榜上，戴尔的产品也稳居前列。

目前在售的系列主要分通用、商用、游戏本与移动工作站。通用类型有灵越、XPS、思跃各系列，在功能上各有侧重；商务类型有成就系列的入门级商务本以及 Latitude 系列高端商务本；游戏本中，除了游匣系列，还有广为人知的外星人系列。除此之外，还有移动工作站的 Precious 系列。戴尔笔记本电脑的外观如图 2-57 所示。

图 2-56　苹果笔记本电脑的外观

图 2-57　戴尔笔记本电脑的外观

**5. 华为**

目前华为笔记本电脑主要定位还是偏向轻薄的办公笔记本电脑，类型不如老牌笔记本电脑厂商丰富，但也性能不俗。

目前在售的有 MateBook 标准版，包括 13 和 14 两个型号，采用了触控屏；MateBook D 系列，包括 D14 和 D15；MateBook X 系列，包括 X 系列与 X Pro 系列，其中 X Pro 主打高端轻薄本，这两个系列的笔记本电脑虽然性能并不十分突出，但重量非常轻，是很多需要移动轻办公人士的不二选择。华为笔记本电脑的外观如图 2-58 所示。

**6. 宏碁**

宏碁公司也是一家非常老牌的笔记本电脑公司，但是其知名度并不太高，可能是受到品牌宣传的影响。但是作为老品牌，宏碁的产品也有许多亮点。

目前在售系列有轻薄本的蜂鸟系列、非凡系列，还有可翻转触控的 Spin5；游戏本包括暗影骑士系列与掠夺者系列，后者是定位较为高端的游戏本；此外还有价位较高的、适合专业人士的设计本系列。其产品外观简约大方，如图 2-59 所示。

图 2-58　华为笔记本电脑的外观

图 2-59　宏碁笔记本电脑的外观

**7. 华硕**

华硕也是全球知名的笔记本电脑品牌，目前在售的系列主要有定位于轻薄本的顽石系列、灵耀系列、adol 系列、VivoBook 系列以及 RedolBook 系列，游戏本包括飞行堡垒与华硕天选系列，以及独立子品牌 ROG 系列，该系列受消费者评价较高。其产品外观如图 2-60 所示。

图 2-60　华硕笔记本电脑的外观

### 14.3　任务实施

下面介绍如何查看笔记本电脑是否通过英特尔 Evo 认证。

英特尔 Evo 认证是由英特尔公司建立的笔记本电脑认证系统，主要从用户体验着手，从多个维度对笔记本电脑的性能进行评估。一台笔记本电脑需要在各个指标上都能够达到对应的标准，才能够入选。由于其权威性与高覆盖度，Evo 认证可以作为消费者购买笔记本电脑时重要的参考资料。

查看途径如下。

通过 Evo 认证的笔记本电脑，在腕托处会有明确的标签，供消费者查看。也可以直接在搜索引擎中搜索笔记本电脑是否通过 Evo 认证，或者进入英特尔公司官网，在官网中搜索"Evo"进入相应的网页中，查看通过 Evo 认证的笔记本电脑型号。图 2-61 所示在英特尔官网中查看 Evo 平台认证笔记本电脑的界面。

图 2-61　查看 Evo 平台认证笔记本电脑的界面

## 任务 15　掌握笔记本电脑的选购原则与方法

笔记本电脑现已成为诸多大学生、上班族不可缺少的学习、工作的工具。几千甚至上万的价位对一般家庭来说并不轻松，因此笔记本电脑的选购也一直是颇受大家关注的问题。如何在给定的预算范围内挑选一台适合自己的笔记本电脑，对消费者来说也是一个考验。

## 15.1　任务目标

了解了笔记本电脑的一些基础知识后，我们接下来应当"学以致用"。结合之前掌握的笔记本电脑软、硬件知识，本节将介绍如何根据相应的需求和预算，选购一台适合自己的笔记本电脑。

## 15.2　相关知识

对绝大多数人来说，笔记本电脑是作为"生产工具"来使用的，实用性、性价比往往是排在前列的考虑要素。在确定自己的预算后，可以通过预想自己的使用场景，进行具体配置的选择，筛选出适合自己的笔记本电脑。

### 15.2.1　使用场景的定位

#### 1. 经常出差、进行普通办公

对于经常出差，同时工作对计算机的性能要求不高的商务人士，体积小、质量轻、方便携带的轻薄本往往是首选。这类笔记本电脑的续航能力优秀，方便随时随地进行一些简单的工作处理。

#### 2. 用于运行大型游戏

许多游戏爱好者往往需要在笔记本电脑上运行大型游戏，而酣畅淋漓的游戏体验需要较高的配置来保障。显卡是对游戏运行较为重要的配置，不同游戏对显卡的要求也存在差异。同时为了保障散热，重量一般较大，不适合频繁移动。

#### 3. 大学生用于专业学习等相关工作

不同的专业对笔记本电脑的需求也有所差别。

对于一般的文史类学科，笔记本电脑主要用来查阅资料、写论文以及观看电影等。这些活动对笔记本电脑的配置需求不高，没有大型电脑游戏爱好的同学完全可以考虑性价比较高的轻薄本。

理工类专业往往需要编程，对笔记本电脑的配置有一定的要求。一般的软件，配置不错的轻薄本完全可以带动。一些专业需要使用专业性较强的软件，比如偏向设计类的专业往往需要专业的三维建模与视频剪辑软件，这类同学可以考虑购买性能更有保障的游戏本。

#### 4. 用于专业性较强的设计等工作

由于工作需求，从事这类工作的人士需要较高配置的笔记本电脑来运行许多专业的软件。高端游戏本，甚至专门的设计系列笔记本能够比较好地满足这类工作的需求。

### 15.2.2　笔记本电脑基本配置的选择

#### 1. 中央处理器（CPU）

作为计算机最核心的部件，CPU 的研发难度不小，因此目前的 CPU 主要来自英特尔（Intel）与超威（AMD）两家公司。

Intel 的 CPU 胜在稳定可靠，而 AMD 的 CPU 胜在高性价比。这两家公司也各有多种型号的 CPU 供选择。目前使用较多的 Intel 产品系列为 i5 和 i7，其中，i5 为中端产品，而 i7 则面向高端市场。此外还有入门级的 i3 以及更高端的 i9。大致来说，AMD 锐龙的 R5 相当于笔记本电脑"CPU 天梯"中 i5 的位置，R7 相当于 i7 的位置。

对于一般的游戏以及工作学习需求，i5 足够。而如果工作以三维建模、视频剪辑等类型为主，i7 则是更好的选择。

#### 2. 显卡

显卡对笔记本电脑的性能影响很大，分为集成于 CPU 中、兼容性相对更好的集成显卡和独立于

CPU、拥有更佳性能的独立显卡。不同型号的显卡差别巨大。目前显卡的主流品牌为 NVIDIA，也有部分 AMD 产品。

当前常见的显卡主要有 NVIDIA 的 GTX 系列以及基于较新架构的 RTX 系列，此外还有 AMD 的 RX 系列。在同一品牌的同系产品里，型号中数字更大的性能更好，比如 RTX 3060 性能优于 RTX 3050。目前，RTX 30 系列与 RX 6000 系列多见于游戏本或高性能本中，某些游戏本甚至应用了 RTX 4060 显卡，以追求更好的图像处理效果，而对性能要求较低的轻薄本多采用集成显卡，以获得更高性价比。

显卡的规格很多，在选择时，我们可以首先确定哪一款显卡能够满足我们的使用需求。我们可以通过网络搜索和了解自己所用软件或游戏的配置要求，筛选出能够满足需求的显卡，再根据自己的预算权衡性价比。

### 3. 内存

内存与硬盘都是关乎 CPU 性能发挥充分程度的存储设备。现在主流的内存为 DDR4 内存。在选购时，可以从容量、工作频率、是否为双通道来进行考虑。

主流机型的内存容量一般为 8GB，高端的机型可达 16GB 甚至 32GB；常见的工作频率有 2133MHz、2400MHz、2666MHz，分别对应低、中、高端机型；在同等内存大小下，双通道的内存由于可以两条内存同时传输数据，所以存取数据的速度得到大幅提升。

### 4. 硬盘

硬盘的性能也同样不可忽视。可以从类型、容量方面来考虑。目前主流的两种类型是 SSD 和 HDD，其中 SSD 存取速度快，价格相对高；HDD 存取速度慢些，但是价格相对低。同种类型下，硬盘容量越大，使用体验感越好，也就意味着可以在计算机里存更多的资料、下载更多的软件等。

无论是内存还是硬盘，都可以进行自主升级。但是也存在不支持升级的机型，可以通过产品的详细信息进行了解，提前考虑。

## 15.3　任务实施

### 15.3.1　查看笔记本电脑的配置参数

无论是网购还是线下购买，我们都需要先了解笔记本电脑的配置的具体参数，将其作为我们选择这一生产工具的重要参考。通过前面的讲解，我们可以基本定位自己需要的笔记本电脑类型，如轻薄本或游戏本等。接下来我们可以查看更为细节的信息。

在网购或线下购买时，我们可以通过查看产品参数以及询问导购客服的方式，了解我们需要知道的配置信息。此外，还可以通过笔记本电脑本身全面地了解配置信息。

以 Windows 系统为例，操作方法如下。
- 打开"我的电脑"或"此电脑"。
- 打开控制面板中的"系统与安全"。
- 单击"系统"。

本台笔记本电脑的基本信息就显示出来了，包括系统版本、处理器、内存等信息。

### 15.3.2　选择购买渠道

在线下实体店，可以看到实物、可以试用，所以许多消费者倾向于此。品牌直营店和电脑城是两类主要的购买地点。

品牌直营店胜在可靠性强，售后服务有保障，但是价格相对高。对担心买到假货的消费者来说是不错的选择。但是要注意，该店是有官方的授权，还是普通的代理商。

线上购买笔记本电脑的方式以方便快捷的特点，受到许多人喜爱。目前来说，京东自营的笔记本电脑颇受认可。除了京东保障的发货速度快与售后服务外，笔记本电脑的配置在产品页面上清晰明了地标注了出来，同时买到假货的可能性也较低。网购笔记本需要自己进行激活，而线下平台的销售人员一般会帮助进行激活。很多商家在笔记本激活后不再支持退换，消费者应当提前进行询问。

## 15.3.3 进行现场验货

### 1. 检查包装箱外观

首先应当观察外包装的外观，应干净平整，没有压痕、变形等。接下来应当观察包装箱的侧面，一般会有型号、配置等信息，可以与自己选择的型号进行比对，同时检查其贴纸是否有重新粘贴过的痕迹。开箱之前应检查外包装的封条是否完整，一线厂商的封条一般都经过了特殊处理，如果被撕下来过，可以观察到明显的痕迹，如图 2-62 所示。

图 2-62　检查包装箱外观

### 2. 开箱检查

打开包装箱后，首先应当观察其中各区域摆放是否整齐，有无被人为二次摆放的痕迹；接下来查看配件是否完整，说明书、保修卡等附件是否齐全，如图 2-63 所示。

图 2-63　开箱检查

### 3. 检查机身与配件的外观及参数

首先应当观察机身的外壳是否有划痕、磕碰等痕迹，以及底部的贴纸是否有二次粘贴的痕迹。翻开电脑，接下来检查显示屏、键盘等处有无划痕、污垢。此外，也要注意对照说明书，检查配件是否完好。

某些笔记本电脑底部的贴纸上会印有条形码，可以根据该条形码在官网中查询其保修信息，如果可以查询到，说明笔记本电脑是正品。

**4. 进行开机测试**

尝试不插电源，按开机键进行开机。有的笔记本电脑处于"运输模式"下，所以这种方式应该是无法打开笔记本电脑的。

进行插电开机后，会进入开箱体验板块，邀请用户进行一些自定义的设置，在这时可以先跳过联网，避免联网自动激活为后续退换带来麻烦，如图 2-64 所示。

接下来可以进入"此电脑"中查看详细配置和硬盘分区情况。

然后也要注意观察屏幕显示是否存在异常，可以下载专门的软件（如鲁大师等）进行坏点检查。

此外，还可以通过软件对硬件进行测试，查看到更详细的配置信息以及电池、功耗信息。

在有条件时，应当使用 U 盘等外设检查各类外部接口是否正常，还可以播放音乐检查声音系统，以及查看摄像头等的功能是否异常。

图 2-64　开机测试

## 实训 2.1　设计计算机组装方案

本实训需要根据本项目所学的知识，按照 Intel 平台，设计目前主流的家庭和学生的装机方案，要求组装的计算机能满足普通家庭的上网和娱乐要求，并能满足学生的各种主流软件和游戏的需求。完成本实训需要先选择各种硬件，列出方案表格，然后对配置进行优缺点评价。

采用 Intel CPU 的配置，特点是性价比很高，入门级的配置，家用和办公都很不错，基本性能齐全，具体配置如表 2-1 所示。

表 2-1　Intel CPU 计算机组装配置

| Intel 装机速查表 | | | | | |
|---|---|---|---|---|---|
| 配件 | 入门 | 主流 | 主流+ | 高端 | 高端+ | 旗舰 |
| CPU | 10100 | 10400F | 10600F | 10700K | 10850K | 10900K |
| 主板 | H410/B460 | B460 | B460 | B460/Z490 | Z490 | Z490 |
| 显卡 | 1650-1660S | 1660S-2060S | 2060S-2070S | 2070S-3070 | 3070-3080 | 3080 |
| 电源 | 450W | 550W | 600W | 650W | 750W | 850W |
| 内存 | 8G*2 2666 | 8G*2 2666 | 8G*2 2933 | 8G*2 2933 | 8G*2 2933 | 8G*2 2933 |
| 硬盘 | M2 512G | M2 512G | M2 512G | M2 512G | M2 512G | M2 512G |
| 散热 | 原装 | 初级风冷 | 初级风冷 | 初级风冷 | 风冷/水冷 | 风冷/水冷 |
| 机箱 | 中小机箱 | 中小机箱 | 中小机箱 | 大机箱 | 大机箱 | 大机箱 |

下面给出两个基于不同需求的配置清单样例。

- 入门计算机配置清单如表 2-2 所示。

**表 2-2 入门计算机配置清单**

| Intel 装机速查表（3728 元） | | | | |
|---|---|---|---|---|
| 配件 | 入门 | 型号说明 | 建议 | 价格/元 |
| CPU | 10100 | 套装更划算 | 正规渠道购买 | 899 |
| 主板 | H410/B460 | 微星迫击炮、华硕 TUF | 正规渠道购买 | 529 |
| 显卡 | 1650-1660S | 铭瑄、影驰、七彩虹 | 正规渠道购买 | 1000 |
| 电源 | 450W | 安钛克、美商艾湃、鑫谷、台达、先马 | 正规渠道购买 | 300 |
| 内存 | 8G*2 2666 | 科赋、芝奇、光威 | 正规渠道购买 | 400 |
| 硬盘 | M2 512G | 东芝铠侠、西部数据、三星 | 正规渠道购买 | 400 |
| 散热 | 原装 | 雅浚 B3、玄冰 400、利民 AS120 | 正规渠道购买 | 80 |
| 机箱 | 中小机箱 | 先马、TT | 正规渠道购买 | 120 |

- 高端计算机配置清单如表 2-3 所示。

**表 2-3 高端计算机配置清单**

| Intel 装机速查表（12997 元） | | | | |
|---|---|---|---|---|
| 配件 | 高端 | 型号说明 | 建议 | 价格/元 |
| CPU | 10700K | 套装更划算 | 正规渠道购买 | 2699 |
| 主板 | B460/Z490 | 微星暗影、ACE、华硕 ROG | 正规渠道购买 | 2199 |
| 显卡 | 2070S-3070 | 铭瑄、影驰、七彩虹 | 正规渠道购买 | 5499 |
| 电源 | 650W | 安钛克、美商艾湃、振华、EVGA | 正规渠道购买 | 600 |
| 内存 | 8G*2 2933 | 科赋、芝奇、光威 | 正规渠道购买 | 400 |
| 硬盘 | M2 512G | 东芝铠侠、西部数据、三星 | 正规渠道购买 | 400 |
| 散热 | 初级风冷 | 240 水冷 NZXT、封神堡垒 | 正规渠道购买 | 800 |
| 机箱 | 大机箱 | 安钛克、酷冷至尊、追风者 | 正规渠道购买 | 400 |

## 实训 2.2　网上模拟装配计算机

本实训要求根据前面实训中拟定的装机配置方案，模拟选购一台计算机，需要通过中关村在线模拟攒机频道模拟在线装机中心选择相应的硬件。在装机前，可以参考前面实训中各种硬件的资料对比。最后在中关村在线模拟攒机频道中参考各种模拟装机方案，自己配置一台计算机。

需要注意的是，由于不同装机方案针对的用户群不同，因此在选购硬件时一定要有针对性。比如游戏娱乐的重点硬件是显卡、显示器、CPU，另外音箱、声卡、键盘、鼠标也需要注意。

## 课后练习

### 1. 实践题

（1）根据本项目所学的知识，到电脑城选购一套组装计算机需要的硬件产品。

（2）上网登录中关村在线模拟攒机频道，查看最新的硬件信息，并根据网上最新的装机方案，为学校机房设计一个装机方案。

（3）在计算机机箱中拆卸显卡，查看其主要结构，并检查有几种显示接口。

（4）假设需要配置一台普通家用计算机，为其选购适用的周边设备，包括打印机、扫描仪、摄像头。

（5）拆卸一台计算机，根据主要硬件的相关信息，查看这些产品的细节，并检查这些产品的售后服务日期。

**2. 选择题**

（1）BIOS 芯片是一个（　　）存储器。

    A. 只读　　　　　　　B. 随机　　　　　　　C. 动态随机　　　　　D. 静态随机

（2）显卡的性能及功能主要取决于（　　）。

    A. GPU　　　　　　　B. 显存　　　　　　　C. 内存　　　　　　　D. 显示器

（3）目前，（　　）已经成为继 CPU 之后发展变化最快的部件。

    A. 内存　　　　　　　B. 显卡　　　　　　　C. 硬盘　　　　　　　D. 光驱

# 技能提升

下面介绍常见的计算机改装。

**1. 增加内存条**

在加装前需要了解电脑的内存条槽有几个。多个就可以直接加装，如果只有一个，那就需要买一块更大的内存条，然后把原来的内存条替换下来。内存条安装阶段各品牌计算机各有不同，拆卸电池时注意防静电，可佩戴防静电手套。

**2. 更换显示器屏幕**

当计算机出现花屏等屏幕故障，或是显示器的码率达不到你的要求时，更换屏幕是很好的选择。换屏时同样要注意防静电，首先将电源断开，按开机键几秒，将静电放掉，准备好螺丝刀就可以操作了。

**3. 安装指纹识别器**

计算机通常保存了用户的大量个人隐私，设置密码是很好的保护个人隐私的方法，但每次输入密码的过程还是过于烦琐。指纹识别器可同时实现保护隐私和快速开机进入界面。

随着 Windows Hello 生物识别技术的成熟，Windows 10 系统已经自带指纹识别功能，但对 Windows 10 以下的系统来说加装指纹识别器仍是一个不错的选择。

# 项目3
## 组装计算机

## 【情景导入】

相信大家年纪尚幼时，对一些新鲜神奇的事物总会有一些超乎寻常的好奇心，比如小时候玩的遥控车，玩上一段时间后，总忍不住把它拆了，然后有可能再也装不回来了。那么大家对计算机是不是也有这样的想法呢？计算机已然成为现代社会不可或缺的一部分。我们对计算机的了解不应该仅停留于认识和购买上，也不应该仅限于"破坏式"拆除，还应该有更深一层的进展：组装计算机。

通过前两个项目的学习，我们已经对计算机的硬件有了全面的了解。组装计算机，即根据个人需要选择计算机的配件，然后把这些配件按一定顺序安装在一起。组装计算机，配件一般包括 CPU、内存、主板、硬盘、显卡、机箱、电源、鼠标、键盘等。通过本项目的学习，可以掌握组装计算机的方法。

## 【学习目标】

### 【知识目标】
- 了解并学会使用组装计算机的工具。
- 掌握组装计算机所需要的配件。

### 【技能目标】
- 掌握组装计算机的基本流程。
- 了解拆卸计算机硬件的步骤。

### 【素质目标】
- 提升动手能力。
- 培养团队合作意识。
- 培养工匠精神。

## 【知识导览】

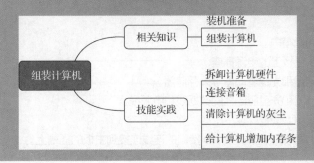

## 任务 16　装机准备

在正式组装计算机之前，我们需要做一些准备。

### 16.1　任务目标

认识组装工具和配件，做好装机的准备工作。

### 16.2　相关知识

在组装计算机之前，需要准备如下工具。

● 螺丝刀：装机时主要使用的工具是螺丝刀。最好能准备直径 3～5mm 的带磁性的十字螺丝刀，它可帮助用户更方便地开展组装工作。

● 尖嘴钳：遇到不易插拔的设备时可使用尖嘴钳，如在机箱内固定主板时，就会用到尖嘴钳。

● 镊子：插拔较小的零件可使用镊子，如插拔主板或硬盘上的跳线。

此外，还需要准备万用表、一字螺丝刀等。

### 16.3　任务实施

**1. 准备工作台和工具**

组装计算机需要比较干净的环境，需要有一个工作台（比如一张宽大且高度合适的桌子），准备一个电源插座，以方便测试组装是否成功。将组装工具依次摆放在工作台上。另外还需要准备一个小器皿，用于盛放螺丝和小零件。

**2. 准备装机配件**

在装机之前，要检查并整理好购买的配件，仔细查看所购买的产品的品牌、规格和计划购买的是否一致，说明书、防伪标志是否齐全，各种连线是否配套等。

## 任务 17　组装计算机

### 17.1　任务目标

认识装机配件，独立组装一次计算机。

### 17.2　相关知识

安装计算机硬件时，应该按照下列步骤有条不紊地进行。

（1）拆卸机箱，安装好电源。

（2）安装 CPU 和风扇。

（3）安装内存条。

（4）把主板固定到机箱内。

（5）连接电源线到主板上的电源插座。

（6）安装硬盘驱动器和光盘驱动器等外存储器。

（7）连接硬盘驱动器和光盘驱动器的数据线和电源线。

（8）安装显卡、光驱。

（9）将机箱前面的指示灯、开关及 I/O 接口的连线连接到主板的插槽上。

（10）连接显示器、键盘、鼠标、机箱电源、音箱和网线。

（11）捆绑好各种线以免影响元器件的运行。

（12）从头再检查一遍，准备开机加电进行测试。

## 17.3  任务实施

### 17.3.1  拆卸机箱并安装电源

下面以一款 ATX 机箱为例说明如何拆卸机箱和安装电源。

（1）确定机箱侧板固定螺丝的位置，将固定螺丝拧下。

（2）转向机箱侧面，将侧板向机箱后方平移后取下，如图 3-1 所示。图 3-2 所示为拆卸后的机箱。

图 3-1  将侧板平移取下

图 3-2  拆卸后的机箱

（3）取出机箱内的零件包。

（4）核对零件包。

● 固定螺丝。固定螺丝主要用于固定光盘驱动器和主板等硬件设备，如图 3-3 所示。一般机箱所附带的螺丝分为细纹螺丝和粗纹螺丝两种，光盘驱动器、硬盘驱动器和挡板适合用细纹螺丝固定，机箱与电源适合用粗纹螺丝固定。

目前，市面上出现了一些免螺丝设计的机箱，机箱内的大多数配件（如光盘驱动器、硬盘驱动器、机箱挡板等）都不用螺丝固定，而是用精巧的卡扣将配件固定在机箱中。

● 铜柱。铜柱主要用于固定主板，并具有接地功能，如图 3-4 所示。使用时，应使铜柱对准主板与底板上的螺丝孔位，然后将铜柱锁到底板上，用螺丝将主板锁到铜柱上。也有些机箱已经取消了铜柱设计，直接用螺丝将主板固定在机箱上。

图 3-3  固定螺丝

图 3-4  铜柱

- 挡板。如果安装的显卡不是很多，则机箱后边将剩余几个扩展槽（放置显卡和声卡等设备）。这时需要用挡板将这些扩展槽遮住，以防止灰尘进入机箱。挡板如图3-5所示。

（5）安装电源。

主机电源一般安装在主机箱的后部上端的预留位置。在将计算机配件安装到机箱时，为了安装方便，一般首先安装电源。安装的步骤如下。

① 拆开电源包装盒，取出电源。

② 将电源安装到机箱内的预留位置。

③ 用螺丝刀拧紧螺丝（注意，最好对角的螺丝先拧），将电源固定在主机机箱内，如图3-6所示。

图3-5 挡板

图3-6 安装电源

目前，市场上有一部分机箱自带电源。

## 17.3.2 安装CPU与CPU散热器

安装CPU与CPU散热器的具体步骤如下。

### 1. 安装CPU

CPU安装在主板的CPU插槽内，下面以Core i5 CPU和LGA 1156插座为例说明如何安装CPU。LGA 1156插座如图3-7所示。

（1）从主板包装盒中取出主板，将其放在一块绝缘泡沫或海绵垫上（主板包装盒内就有这样的泡沫或海绵垫）。

（2）打开主板上的CPU插座，方法是用适当的力向下微压固定CPU的压杆，同时用力往外推压杆，使其脱离固定卡扣。压杆脱离卡扣后，便可以顺利地将压杆拉起，如图3-8所示。

图3-7 LGA 1156插座

图3-8 拉起压杆

（3）将固定处理器的盖子向压杆反方向提起，如图3-9所示。

（4）拿起CPU，使其缺口标记正对插座上的缺口标记，然后轻轻放入CPU，如图3-10所示。

图 3-9　提起盖子

图 3-10　放入 CPU

　　为了安装方便，CPU 插座上都有三角形缺口标记，如图 3-11 所示。安装 CPU 时，需将 CPU 和 CPU 插座中的缺口标记对齐才能将 CPU 放入插座中。

图 3-11　CPU 和 CPU 插座的缺口标记

　　（5）盖好扣盖，反方向微用力扣下压杆，将 CPU 牢牢地固定住，如图 3-12 所示。

图 3-12　固定 CPU

### 2. 安装 CPU 散热器

　　CPU 散热器是 CPU 的散热装置，安装好 CPU 后，一定要安装 CPU 散热器，否则 CPU 无法稳定地工作，甚至会烧毁。购买盒装 CPU 时包装盒内已经有配套的散热器了，如果购买的是散装的 CPU，则需要额外购买 CPU 散热器。CPU 散热器如图 3-13 所示。

　　安装 CPU 散热器的步骤如下。

　　（1）将导热硅脂均匀地覆盖在 CPU 核心上面，然后把散热器放在 CPU 上，如图 3-14 所示。

图 3-13 CPU 散热器

图 3-14 放置 CPU 散热器

（2）将散热器固定在主板上。将散热器的四角对准主板相应的位置，然后固定好四角的螺丝（有些风扇是有底座的，需要先行在主板上安装好底座才可继续安装风扇，另有卡槽式的只需把固定的螺栓向下摁即可），使4颗螺丝受力均衡，如图 3-15 所示。

（3）将 CPU 风扇电源插入主板上 CPU 风扇的电源插座（注意不要插到其他的风扇口）。由于主板的风扇电源插头都采用了防呆的设计，反方向无法插入，因此安装起来相当方便，如图 3-16 所示。

图 3-15 将散热器固定在主板上

图 3-16 将风扇电源插入主板上电源插座

### 17.3.3 安装内存条

为了安装方便，在将主板安装到机箱内之前，应先将内存条安装到主板上。

安装内存的步骤如下。

（1）拔开内存插槽两边的卡槽，检查插口和内存条种类是否一致。每个接口大小不一样，检查之后再插入，不要因接口不吻合过于用力导致器件损坏，如图 3-17 所示。

图 3-17 拔开两边的卡槽

（2）对照内存金手指的缺口与插槽上的突起确认内存条的插入方向，如图 3-18 所示。

图 3-18　确认内存条的插入方向

（3）将内存条垂直放入插座，双手拇指均匀施力，将内存条压入插座中，此时两边的卡槽会自动往内卡住内存条。当内存条确实安插到底后，卡槽卡入内存条上的卡勾定位，如图 3-19 所示。

（4）在相同颜色的内存条插槽中再插入一条规格相同的内存条，可通过双通道功能提高系统性能，如图 3-20 所示。

图 3-19　插入内存条

图 3-20　再插入一条规格相同的内存条

### 17.3.4　安装主板

安装主板就是将主板固定在机箱的底板上，过程如下。

（1）将机箱水平放置，观察主板上的螺丝固定孔。

（2）将主板放入机箱内，并对好螺丝固定孔，如图 3-21 所示。

（3）拧紧螺丝将主板固定在机箱内，如图 3-22 所示。

图 3-21　放入主板

图 3-22　固定主板

（4）连接主板电源线。将电源插头插入主板电源插座中，如图 3-23 所示。

（5）连接 CPU 电源线，如图 3-24 所示。

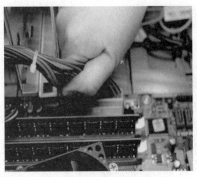

图 3-23　连接主板电源线

图 3-24　连接 CPU 电源线

### 17.3.5　安装硬盘

硬盘通过主板的 SATA 接口与主板相连，而老式硬盘通过 IDE 接口（Integrated Drive Electronic Interface，集成驱动电接口，现已被淘汰）与主板相连。按照如下步骤安装硬盘。

（1）将硬盘插入机箱 3.5 英寸驱动器支架上。

（2）将硬盘驱动器支架安装在机箱的 3.5 英寸固定架上，如图 3-25 所示。

（3）拧上固定螺丝，本例中硬盘固定架为免螺丝设计。

（4）将电源接头插在硬盘接口上，如图 3-26 所示。

图 3-25　将驱动器支架安装在固定架上

图 3-26　接入电源接头

（5）将 SATA 数据线插头插在硬盘接口上，如图 3-27 所示。将 SATA 数据线的另一端插在主板的 SATA 插槽上。有 SATA1、SATA2 等字样的插槽称为 SATA 插槽，如图 3-28 所示。

图 3-27　接入 SATA 数据线插头

图 3-28　将 SATA 数据线插在主板的 SATA 插槽上

SATA 数据线与传统 IDE 数据线有很大差异，IDE 数据线是 40/80 针扁平数据线，而 SATA 数据线是 7 针细线缆。传统的 IDE 数据线弯曲起来非常困难，由于很宽，还经常会造成某个局部散热不良。

而 SATA 数据线就不存在这些缺点，它很细，因此弯曲起来非常容易，还不会妨碍机箱内部的空气流动，这样就避免了热区的产生，从而提高了整个系统的稳定性。由于 SATA 采用了点对点的连接方式，每个 SATA 接口只能连接一块硬盘，因此不必像 IDE 接口硬盘那样设置跳线，系统会自动将 SATA 硬盘设定为主盘。

### 17.3.6　安装显卡

计算机上常见的显卡插槽有 PCI 和 PCI-E 两种，目前显卡一般使用 PCI-E 接口，网卡和声卡等可使用 PCI 接口或 PCI-E 接口。

PCI-E 插槽主板上一般有 2～4 个，插槽长度约为 95mm，是显卡插槽中最长的一种，颜色多为黑色和蓝色。PCI 插槽多为白色，约 85mm 长。PCI-E 和 PCI 显卡除了使用的插槽不同外，安装方法大致相同。具体步骤如下。

（1）根据显卡的种类确定显卡在主板上的插槽，注意插槽上的防呆设计，如图 3-29 所示。

图 3-29　插槽上的防呆设计

（2）用螺丝刀将与插槽相对应的机箱上的挡板拆掉，本例中挡板为无螺丝设计。

（3）使显卡挡板对准刚卸掉的机箱挡板处，显卡金手指对准主板插槽将显卡插入插槽内。插入显卡时，一定要平均施力，以避免损坏主板和保证显卡与插槽紧密接触，如图 3-30 所示。

（4）用螺丝刀将显卡固定到机箱上，由于本例中挡板为无螺丝设计，用手合上挡板旁边的压盖即可，如图 3-31 所示。

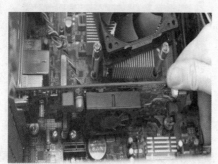

图 3-30　安装显卡

图 3-31　固定显卡

目前，很多厂家都将声卡、显卡和网卡集成到主板上（集成显卡的性能会相对弱一些），这样的一体化主板就不必安装显卡了。

### 17.3.7　安装光驱

光驱安装在机箱 5 英寸驱动器支架上。目前的光驱主要是 SATA 接口，SATA 接口光驱的安装方式与 SATA 接口硬盘相同。下面介绍 SATA 接口光驱的安装方法。

安装光驱的具体过程如下。

（1）卸下机箱前面板上的塑料挡板，将光驱放入支架，使其前面板与机箱前面板对齐，如图3-32所示。

（2）通过驱动器支架旁边的条形孔用螺丝将光驱固定，本例中光盘驱动器固定架为免螺丝设计。

（3）为光驱接上电源接头和SATA数据线，如图3-33所示。

（4）将SATA数据线的另一端插在主板的SATA插槽上，如图3-34所示。

图3-32　将光驱放入支架

图3-33　安装光驱电源接头和SATA数据线

图3-34　将SATA数据线接入主板

## 17.3.8　连接机箱中各种内部线缆

连接机箱中各种内部线缆的具体步骤如下。

### 1. 连接机箱面板引出线

机箱面板引出线是由机箱前面板引出的开关和指示灯的连接线，包括电源开关、复位开关、电源开关指示灯、硬盘指示灯、扬声器、USB接口和音频接口等连接线，如图3-35所示。

计算机主板上提供有专门的插座（一般为2~6个），用于连接机箱面板引出线，不同主板具有不同的命名方式，用户应根据主板说明书上的说明将机箱面板引出线插入主板上相应的插座中。市面上有的机箱插头连线使用不同颜色互相区分，插头颜色与主板上接口颜色相同，如图3-36所示。

图3-35　面板引出线

图3-36　连接引出线

华硕新型主板的插座与旧版的有所区别，如图3-37所示，连接方式如图3-38所示（注意正负极的插法）。各个部件如图3-39~图3-43所示。

图3-37　新型主板的插座

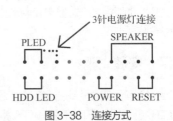

图3-38　连接方式

图 3-39　开机按钮

图 3-40　硬盘指示灯

图 3-41　重启按钮

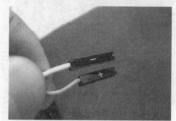
图 3-42　电源指示灯

#### 2. 整理机箱内部线缆

组装主机后，主机内部连接线可能四处散落，让人搞不清线头线尾，给以后计算机的维护与机箱散热带来不便。因此在组装后最好整理主机内的连接线，比如可以使用捆线将散乱的电源线捆在一起，并用橡皮筋将数据线捆扎起来，如图 3-44 所示。

图 3-43　主板工作异常警报器

图 3-44　整理主机内的连接线

## 17.3.9　连接周边设备

完成主机的安装后，将机箱的挡板盖上并拧紧螺丝，然后将机箱摆正，连接其他设备。

#### 1. 连接显示器

连接显示器的操作如下。

（1）电源线的一端插在显示器尾部的电源插孔上，如图 3-45 所示；另一端插在机箱后侧显示器电源插孔或电源插座上。

图 3-45　连接显示器电源线

（2）显示器信号线插头采用 VGA 接口，一端插在显卡的 VGA 接口上，另一端插在显示器上，如图 3-46 和图 3-47 所示。目前大多数显示器接口为 HDMI，连接方法相同。

图 3-46　信号线连接机箱端　　　　　　　　　　图 3-47　信号线连接显示器端

**2．连接鼠标、键盘**

鼠标、键盘的信号线插头分为 USB 型或 PS/2 型，分别连接在主机后面的 USB 接口或 PS/2 接口上。

连接 PS/2 接口的鼠标或键盘时，将鼠标或键盘插头插在主板 PS/2 接口上。插接时注意鼠标、键盘接口插头的凹形槽方向与 PS/2 接口上的凹形卡口相对应，方向错误则插不进，如图 3-48 所示。

连接 USB 接口的鼠标或键盘时，将鼠标或键盘插头插在主板 USB 接口上，如图 3-49 所示。

图 3-48　连接 PS/2 接口的鼠标或键盘　　　　　图 3-49　连接 USB 接口的鼠标或键盘

**3．连接主机电源**

机箱后侧主机电源接口上有一个三针电源输入插座。连接主机电源时将电源线一端插头插入主机电源插座，再将另一端的电源插头插入电源输入插座。

**4．连接网线**

网线通常是两端为 RJ45 接头的直通型双绞线。在连接网线时，将网线一头插入机箱后部的 RJ45 接口中，网线另一头接入集线器、路由器等网络接口中。至此，计算机硬件基本安装完毕。

## 17.3.10　装机后检查与测试

当计算机组装完成后，首先要针对如下几个方面认真检查一遍。

（1）检查 CPU 风扇、电源是否安装好。

（2）检查在安装的过程中，是否有螺钉或者其他金属杂物遗落在主板上。这一点一定要仔细检查，否则很容易因为马虎大意而导致主板被烧毁。

（3）检查内存条的安装是否到位。

（4）检查所有的电源线、数据线和信号线是否已连接好。

只有确认上述几点均没有问题后，才可以接通电源，启动计算机。观察电源灯是否正常点亮，如果能点亮，听到"嘟"的一声，且屏幕上显示自检信息，就表示计算机的硬件工作正常；如果不能点亮，就要根据报警的声音检查内存、显卡或其他设备的安装是否正确；如果完全没有反应，则需检查电源线是否接好、前置面板线是否插接正确，或重新进行组装。如果测试均没有问题，则说明计算机的硬件安装正确。

## 实训 3.1　拆卸计算机硬件

本实训对计算机硬件进行拆卸，操作步骤如下。

（1）拔掉主机上连接的所有线路，拧开主机旁的两个较大螺丝，打开机箱后盖。

（2）拆内存。小心打开内存条两端的卡槽，拔出内存条。

（3）拆硬盘。拔掉硬盘的两个连接线，拧开固定硬盘的螺丝。

（4）拆显卡。拔掉右下角的卡槽，拧开螺丝，向上拿出即可。

（5）拆 CPU。拧开固定风扇的几个角上的螺丝，拿掉风扇就看到 CPU 了，用手将 CPU 取下即可（如果再安装回去的话一定要把风扇拧紧）。

（6）拆光驱。拔掉光驱的两个线头，将其螺丝拧开就可以把光驱拆下来了。

（7）拆电源。拧开固定电源的所有螺丝，将之和大堆的线路一起拿出来。

（8）拆主板。将螺丝拧开，就可以把主板从机箱里拆出了。

## 实训 3.2　连接音箱

通常有源音箱接在 Speaker Out 端口或 Line Out 端口上，无源音箱接在 Speaker Out 端口上。连接有源音箱时，将有源音箱的 3.5mm 双声道插头插入机箱后侧声卡的输出插孔中，如图 3-50 所示。

图 3-50　连接音箱

对于有 USB 插口的音响，直接将连接线插入 USB 插口即可。

## 实训 3.3　清除计算机的灰尘

本实训的目标是对一台计算机进行一次灰尘的清理工作，其操作步骤如下。

（1）将主机断电后用十字螺丝刀将机箱拆开，就可以看到机箱的内部构造，然后拔掉机箱内所有的插头。

（2）取下内存条，拿橡皮擦轻轻地擦拭金手指，但要注意别碰到电子元件，电路板部分可以使用小毛刷轻轻将灰尘扫掉。

（3）将 CPU 散热器拆开，将散热片和风扇分离，将散热片置于水龙头下冲洗，冲洗干净后吹干。风扇可用小毛刷加布或纸清理干净，然后将风扇的胶布撕下，往小孔中滴进一滴润滑油，接着拨动风扇片使润滑油渗入，最后擦干净孔口四周的润滑油，使用新的胶布封好。需要注意的是，在清理机箱电源时，对其风扇也要除尘、加油。如果有独立显卡，也要清理金手指和加滴润滑油。

（4）对于整块主板，可以使用小毛刷将灰尘刷掉（用力要轻），再用电吹风吹，最后用吹气球进行细微的清理。而对于插槽，将硬纸片插进去，来回拖曳几下即可以达到除尘的效果。

（5）对于光驱和硬盘接口，一般使用硬纸片清理。

（6）机箱表面、键盘、显示器的外壳，可以使用布蘸酒精擦拭。键盘的键缝只能使用抹布和棉花签慢慢清理。

（7）显示器最好用专业的清洁剂进行清理，然后用抹布擦拭干净。对于计算机中的各种连线和插头，最好都用抹布擦拭一遍。

## 实训 3.4　给计算机增加内存条

增加内存条对计算机升级是较经济实惠的方法，前期应当首先查看本机要用内存条的参数（品牌接口规格、总线频率等参数），并购买相同参数内存以保障可用性。

安装操作如下。

（1）去除身上的静电，如用手摸一下金属类物品。

（2）将主机断电后打开机箱，找到内存插槽，推开两边的卡槽。

（3）分清内存的正反面，观察本机自带的内存条的插入方式，金手指的缺口对准插槽凸起部分，模仿自带内存条的方式插入，两个大拇指用力向下压，再把两边的卡子向里推直到卡住，有响声说明插入到位。

（4）开机试运行，对比安装前后是否有明显优化。如果没有问题，关机，盖上机箱盖，拧上螺丝，内存条就加好了。

## 课后练习

（1）ATX 主板电源接口插座可能为（　　　）。

　　I. 双排 24 针　　　　II. 双排 20 针　　　　III. 单排 24 针　　　　IV. 单排 20 针

　　A. I 和 II　　　　　B. I 和 III　　　　　C. II 和 IV　　　　　D. III 和 IV

（2）以下关于计算机硬件安装步骤的描述中，正确的是（　　　）。

　　A. 拆卸机箱后，立马安装 CPU

　　B. 先安装外存，再安装内存

　　C. 安装完成后，需要仔细检查确认之后才能接通电源

　　D. 电源线、数据线等可以随意交错摆放

（3）下图所示是哪个部件？（　　　）

　　A. 开机按钮　　　　B. 重启按钮　　　　C. 硬盘指示灯　　　　D. 电源指示灯

（4）下列说法错误的是（　　）。

    A. 装机时主要使用的工具是螺丝刀

    B. 最好能准备直径 3～5mm 的十字螺丝刀

    C. 需要准备万用表、一字螺丝刀、尖嘴钳、镊子等

    D. 可以用尖嘴钳插拔主板或硬盘上的跳线

（5）以下哪张图正在安装显卡？（　　）。

A.

B.

C.

D.

（6）从机箱外部往内部平推入内安装的是（　　）。

    A. 硬盘               B. 内存            C. 光驱                D. 显卡

（7）计算机硬件安装成功会出现以下哪种情况？（　　）

    A. 接通电源后，电源灯正常点亮

    B. 计算机发出"嘟"的一声

    C. 屏幕上显示自检信息

    D. 以上都是

（8）以下拆卸计算机硬件的步骤正确的顺序是（　　）。

    ①拆显卡　②拆 CPU　③拆内存　④拆光驱　⑤拆硬盘　⑥拆电源　⑦拆主板

    A. ③⑤①②④⑥⑦    B. ⑤③①②④⑥⑦    C. ③⑤②①④⑥⑦    D. ③⑤①②④⑦⑥

# 技能提升

### 组装计算机的木桶效应

    木桶效应是指一只木桶能盛多少水，并不取决于最长的那块木板，而是取决于最短的那块木板，也可称为短板效应。组装计算机也容易产生木桶效应，一个硬件选择不当就会引起整台计算机的木桶效应。在设计组装计算机的配置单时，需要根据市场定位进行各种硬件的选购和搭配，尽量避免出现"木桶效应"。

# 项目4
## 设置BIOS和硬盘分区

**04**

## 【情景导入】

我们在使用计算机时，常常会有这样的疑惑：计算机是怎样做到让用户输入信息，又输出信息的呢？为什么一按下开机键计算机就启动了呢……我们也可能会遇到这样的困难：我的学习或者工作资料太多，没有存储空间了，这该怎么办呢？

在本项目中，我们将会学习有关 BIOS 的基础知识，掌握设置 BIOS 的方法，还会学习将硬盘分区以及格式化。完成本项目的学习后，以上的疑惑都会被一一解答。

## 【学习目标】

### 【知识目标】
- 掌握 BIOS 的类型和基本功能。
- 了解 BIOS 设置和 CMOS 设置的区别与联系。
- 了解硬盘分区的原因、原则、类型以及 MBR 分区格式、GPT 分区格式。
- 了解低级格式化和高级格式化的定义。

### 【技能目标】
- 掌握使用 UEFI 启动 Windows 10。
- 掌握硬盘分区的方法。
- 掌握格式化硬盘的方法。

### 【素质目标】
- 提升动手能力。
- 培养团队合作意识。
- 培养工匠精神。

## 【知识导览】

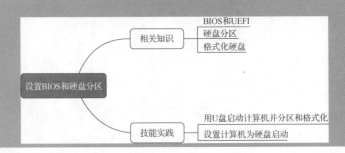

## 任务 18  BIOS 和 UEFI

### 18.1  任务目标

本任务的目标是了解 BIOS 的基本知识，掌握 UEFI 的常用设置方法。

### 18.2  相关知识

#### 18.2.1  BIOS 的基本功能

BIOS 即基本输入输出系统，全称是 ROM-BIOS，即只读存储器基本输入输出系统。它实际是一组被固化到主板 CMOS 芯片中，为计算机提供最低级、最直接的硬件控制的程序，是连通软件程序和硬件设备的枢纽。通俗地说，BIOS 是硬件设备与软件程序之间的一个"转换器"或者说是接口（虽然它本身也只是一个程序）。BIOS 中保存着计算机系统中最重要的基本输入输出程序、系统信息设置、开机自检、系统自举程序、电源管理、CPU 参数调整、系统监控、PnP（即插即用）和病毒防护功能等。现在 BIOS 的功能变得越来越强大，而且许多主板厂商还不定期地对 BIOS 进行升级。

#### 18.2.2  传统的 BIOS 类型

早期市面上流行的主板 BIOS 主要有 Award BIOS、AMI BIOS 和 Phoenix BIOS 这 3 种类型。早期的 286、386 大多采用 AMI BIOS，它对各种软、硬件的适应性好，能保证系统性能的稳定。到 20 世纪 90 年代后，绿色节能计算机开始普及，AMI BIOS 却没能及时推出新版本来适应市场，使得 Award BIOS 占领了大部分市场。当然现在的 AMI BIOS 也有非常不错的表现，新推出的版本依然功能强劲。

在早期，Award BIOS 和 AMI BIOS 两家的界面确实完全不一样，蓝底白字的 BIOS 界面一般代表 Award BIOS，而灰底蓝字的 BIOS 界面一般代表 AMI BIOS。但 Award BIOS 的界面一直以来比较具有亲和力，因此 Award BIOS 的界面在业界非常流行。现在，虽然有些主板采用的是 AMI BIOS，但界面也完全如同 Award BIOS。目前，Award 已经被 Phoenix 收购，也就是说目前采用 Award BIOS 的，实际上都采用的是 Phoenix BIOS 程序。Phoenix 仍然延续 Award 这个品牌，因此一些新的主板界面会显示 Phoenix-Award BIOS。

#### 18.2.3  BIOS 设置和 CMOS 设置概念上的区别与联系

在计算机日常维护中，常常可以听到 BIOS 设置和 CMOS 设置的说法。它们都是利用计算机系统 ROM 中的一段程序进行系统设置。那么 BIOS 设置和 CMOS 设置是一回事吗？首先应该明白什么是 BIOS 和什么是 CMOS。

CMOS 是主板上的一块可读/写的 RAM 芯片，如图 4-1 所示，用来保存 BIOS 的硬件配置和用户对某些参数的设定。CMOS 可由主板的电池供电，即使系统掉电，信息也不会丢失。CMOS 本身只是一块存储器，只有数据保存功能，而对 BIOS 中各项参数的设定要通过专门的程序进行。BIOS 设置程序一般都被厂商整合在 CMOS 芯片中，开机时通过特定的按键就可进入 BIOS 设置程序，以方便对系统进行设置。BIOS 与 CMOS 既相关又不同。BIOS 中的系统设置程序是完成参数设置的手段，而 CMOS 是参数的存放场所。由于它们跟系统设置都密切相关，因此 BIOS 设置有时也被叫作 CMOS 设置。

但是 BIOS 与 CMOS 却是完全不同的两个概念，不可混淆。

图 4-1　CMOS 芯片

## 18.3　任务实施

### 18.3.1　UEFI 简介

　　UEFI（Unified Extensible Firmware Interface，统一可扩展固件接口）是一种适用于计算机的标准固件接口，是对传统 BIOS 的升级和替换。此标准由 UEFI 联盟中的 140 多个技术公司共同创建，其中包括微软公司。其目的是提高软件互操作性和弥补 BIOS 的局限性。要使用 UEFI 系统，主板和操作系统都必须支持 UEFI 功能，目前 Windows 7 64 位、Windows 8、Windows 10 等支持 UEFI；在硬件上，2013 年以后生产的计算机主板基本都集成了 UEFI 固件。

　　UEFI 具有人性化的操作界面、丰富的网络功能。在 UEFI 的操作界面中，鼠标代替键盘成为 BIOS 的输入工具，各功能调节的模块也和 Windows 界面类似。如果说 BIOS 相当于一款软件程序，那么 UEFI 就是一款微型操作系统。华硕和微星都已经推出了支持 UEFI 技术的主板。华硕主板的 UEFI 界面如图 4-2 所示。

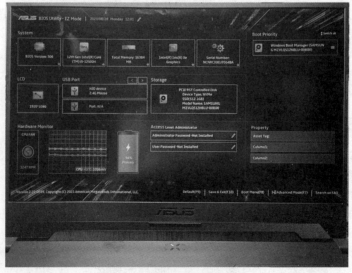

图 4-2　华硕主板的 UEFI 界面

　　UEFI 在开机时的作用和 BIOS 一样，就是初始化计算机。BIOS 的运行流程是开机、BIOS 初始化、BIOS 自检、引导操作系统、进入操作系统，UEFI 的运行流程是开机、UEFI 初始化、引导操作系统、进入操作系统。我们可以很清楚地看出它们最大的不同在于 UEFI 没有加电自检过程，因此加快了计算机系统的启动速度。它们工作流程如图 4-3 所示。

同 BIOS 相比，UEFI 具有几大优势。

● 支持容量超过 2TB 的硬盘引导操作系统。

● 支持直接从文件系统读取文件，支持的文件系统有 FAT16 与 FAT32。

● 不用像 BIOS 一样读取硬盘第一个扇区中的引导代码来启动操作系统，而是通过运行 EFI 文件来引导启动操作系统。

● 使用其固件的计算机缩短了系统启动和从休眠状态恢复的时间。

● 通过保护预启动或预引导过程，可以防止 Bootkit 攻击，从而提高系统安全性。

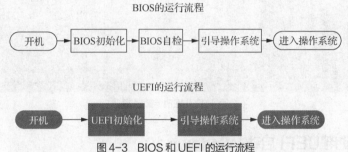

图 4-3　BIOS 和 UEFI 的运行流程

BIOS 在经历了十几年发展之后，也终于走到了尽头，其外观、功能、安全、性能上的不足，都严重制约了它的进一步发展。计算机技术要进步，就必须寻求更好的技术。UEFI 作为 BIOS 的替代者，无论是界面、功能还是安全性，都要远远优于后者，这些优势使得 UEFI 在发展中迅速取代了 BIOS。

## 18.3.2　启用 UEFI

在默认情况下安装 Windows 10 操作系统，计算机都会自动使用 UEFI 固件。开机时可以通过特定功能键（如 Delete 键或 F2 键）进入 UEFI 启动界面。本节以联想笔记本电脑为例，UEFI 启动界面如图 4-4 所示。

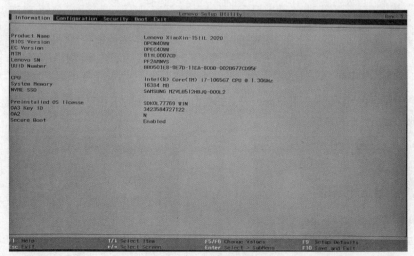

图 4-4　UEFI 启动界面

在 UEFI 启动选项中，"UEFI/Legacy"即为控制计算机选择何种固件启动，如图 4-5 所示。UEFI 是只能使用 UEFI 启动，Legacy 是只能使用 BIOS 启动。本节以启动 UEFI 为例，所以选择 UEFI 选项，然后按 F10 键保存退出即可。如要启用 BIOS，选择 Legacy 选项即可。

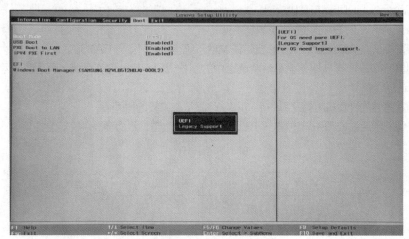

图 4-5　UEFI 启动选项

### 18.3.3　使用 UEFI 启动 Windows 10

使用 UEFT 启动 Windows 10 的步骤如下。

（1）按下计算机开机键，UEFI 开始读取 ESP 分区下的 EFI/Microsoft/Boot/目录下的 bootmgfw.efi 文件，并把主机的控制权交与 bootmgfw 程序。

（2）由 bootmgfw 搜索并读取存储于 EFI/Microsoft/Boot/目录下的 BCD 文件。如果装载了多个操作系统启动选项，则 bootmgfw 会显示全部启动选项，并由用户选择。如果只有一个启动选项，bootmgfw 则默认启动该选项。

（3）启动 Windows 10 后，bootmgfw 搜索并读取 Windows 分区 Windows/System32 目录下的 winload.efi 程序，然后将主机控制器交给 winload 程序，并由其完成内核读取与初始化及后续启动过程。

## 任务 19　硬盘分区

### 19.1　任务目标

本任务将介绍硬盘分区的原因和原则、分区的类型和格式，最后介绍对不同容量的硬盘进行分区，帮助读者掌握硬盘分区的具体操作方法。

### 19.2　相关知识

#### 19.2.1　分区的原因

对硬盘进行分区的原因主要有以下两个。

（1）引导硬盘启动。新出厂的硬盘并没有被分区、激活，这使得计算机无法对硬盘进行读写操作。在进行硬盘分区时可为其设置好各项物理参数，并指定硬盘的主引导记录及引导记录备份的存放位置。只有主分区中存在主引导记录，才可以正常引导硬盘启动，从而实现操作系统的安装及数据的读写。

（2）方便管理。未进行分区的新硬盘只具有一个原始分区，但随着硬盘容量越来越大，一个分区不仅会使硬盘中的数据变得没有条理，而且不利于计算机性能的发挥。因此有必要对硬盘空间进行合理分配，将其划分为几个容量较小的分区。

### 19.2.2　分区的原则

在对硬盘进行分区时不可盲目分配，需按照一定的原则来完成分区操作。分区的原则一般包括合理分区、实用为主和根据操作系统的特性分区等。

（1）合理分区：合理分区是指分区数量要合理，不可过多。过多的分区数量将降低系统启动及读写数据的速度，并且不方便磁盘管理。

（2）实用为主：根据实际需要来决定每个分区的容量大小，每个分区都有专门的用途。这种做法可以使各个分区之间的数据相互独立，不易产生混淆。

（3）根据操作系统的特性分区：一种操作系统不能支持全部类型的分区格式，因此，在分区时应考虑将要安装何种操作系统，以便做合理安排。

### 19.2.3　分区的类型

分区类型最早是在 DOS（Disk Operating System，磁盘操作系统）中出现的，其作用是描述各个分区之间的关系。分区类型主要包括主分区、扩展分区与逻辑分区。

（1）主分区：硬盘上最重要的分区。在一个硬盘上最多能有 4 个主分区，但只能有一个主分区被激活。主分区被系统默认分配为"C 盘"。

（2）扩展分区：主分区外的其他分区统称为扩展分区。

（3）逻辑分区：逻辑分区从扩展分区中分配，只有逻辑分区的文件格式与操作系统兼容，操作系统才能访问它。逻辑分区的盘符默认从"D"开始（前提条件是硬盘上只存在一个主分区）。

### 19.2.4　MBR 分区格式

MBR（Master Boot Record，主引导记录）是在磁盘上存储分区信息的一种方式，这些分区信息包含分区从哪里开始的信息，这样操作系统才知道哪个扇区属于哪个分区，以及哪个分区可以启动。MBR是存于驱动器开始部分的一个特殊的启动扇区，这个扇区包含已安装的操作系统的启动加载器和驱动器的逻辑分区信息。如果安装了 Windows 操作系统，Windows 启动加载器的初始信息就放在该区域里。如果 Windows 不能启动，就需要使 Windows 的 MBR 修复功能来使 MBR 的信息恢复正常。MBR支持最大 2TB 硬盘，它无法处理容量大于 2TB 的硬盘。MBR 只支持最多 4 个主分区，如果要有更多分区，需要创建扩展分区，并在其中创建逻辑分区。

传统的 MBR 分区文件格式有 FAT32 与 NTFS 两种，以 NTFS 为主。NTFS 文件格式的硬盘分区占用的簇更小，支持的分区容量更大，并且还引入了一种文件恢复机制，可最大限度地保证数据安全。Windows 系列操作系统通常使用这种文件格式的分区。

### 19.2.5　GPT 分区格式

GPT 也被称为 GUID（全局唯一标识符）分区表，这是一个正逐渐取代 MBR 的新分区标准，它和UEFI 相辅相成——UEFI 用于取代老旧的 BIOS，而 GPT 则取代老旧的 MBR。GUID 分区表的由来是驱动器上的每个分区都有一个全局唯一的标识符，这是一个随机生成的字符串，可以保证为地球上的每一个 GPT 分区都分配唯一的标识符。这个标准没有 MBR 的那些限制，磁盘驱动器容量可以大得多，甚至大到操作系统和文件系统都无法支持。它同时还支持几乎无限个分区数量（限制只在于操作系统——Windows 支持最多 128 个 GPT 分区），而且不需要创建扩展分区。

在 MBR 磁盘上，分区和启动信息是保存在一起的。如果这部分数据被覆盖或破坏，硬盘通常就不容易恢复了。相对地，GPT 在整个磁盘上保存多个这部分信息的副本，因此它更为安全，并可以恢复被破坏的这部分信息。GPT 还为这些信息保存了循环冗余校验（CRC）码，以保证其完整和正确——如果数据被破坏，GPT 会发觉这些破坏，并从磁盘上的其他地方进行恢复。而 MBR 对这些问题无能为力，只有在问题出现后，才会发现计算机无法启动，或者磁盘分区都不翼而飞了。

## 19.3  任务实施

### 19.3.1  分区前的准备

在建立分区之前，要先对硬盘的配置进行规划，包括以下 3 方面的内容。

- 该硬盘要分成多少个分区，以便维护和整理。
- 每个分区占用多大的容量。
- 每个分区使用的文件系统及安装的操作系统的类型和数目。

一个硬盘要分成多少个逻辑盘及每个逻辑盘占多少容量，可根据实际的要求决定。许多人认为既然是分区，就一定要把硬盘划分成好几个分区，其实完全可以只创建一个分区，在里面建立文件夹，这样有利于提高硬盘的读写速度。但是一般认为划分成多个分区比较利于管理，因为应用软件和操作系统装在同一个分区里，容易造成系统的不稳定。例如，将一个硬盘分割成 3 个区 C、D 和 E，C 区用于储存操作系统文件，D 区用于储存应用程序、文件等，E 区用于备份。对于分区使用何种文件系统，则要根据具体的操作系统而定。Windows 操作系统常用的分区格式有两种：FAT32 和 NTFS。

- FAT32 格式：FAT32 格式采用 32 位的文件分配表，增强了对磁盘的管理能力，克服了 FAT 只支持 2GB 的硬盘分区容量的限制。采用 FAT32 的分区格式，可以将一个大容量硬盘只划分成一个分区，当然也可以划分成多个分区，为磁盘管理提供了方便。另外，FAT32 格式也提高了磁盘的利用率。Windows 95 OSR2 以后的操作系统都支持这种分区格式。FAT32 格式也有一些缺点，如磁盘采用 FAT32 格式分区后，由于文件分配表扩大，运行速度比采用 FAT 格式分区的磁盘要慢；另外，FAT32 格式不能支持 4GB 以上的大文件。

- NTFS 格式：Windows 2000、Windows NT、Windows XP、Windows Vista 和 Windows 7/8/10 都支持这种分区格式，并且在 Windows Vista 和 Windows 7/8/10 中只能使用 NTFS 作为系统分区格式。其主要优点是安全性和稳定性高；不容易产生文件碎片；能记录用户的操作；能严格限制用户的权限，使用户在系统规定的权限内进行操作，有利于保护系统和数据的安全。

### 19.3.2  实施硬盘分区

目前，最常用的方法是在安装操作系统之前，使用系统安装光盘对硬盘进行分区和高级格式化。下面我们介绍一下这种分区的步骤。

首先，从 BIOS 设置中将 First Boot Device 设置为 DVD ROM，也就是首先从光盘载入操作系统。然后，把操作系统光盘插入光驱，自定义安装类型时会提示新建分区。

选择"驱动器 0 未分配的空间"，再单击"新建"按钮后，在"大小"后面填入新建分区的大小，单击"应用"按钮，即可建立第一个分区（即 C 盘）。继续选择"驱动器 0 未分配的空间"，重复上述操作，可以建立更多的分区。

如果某个分区的大小设置不理想，可以删除分区。但是必须注意，如果分区上有数据，删除分区将会造成数据丢失。

### 19.3.3 新增硬盘的分区

许多用户都遇到过硬盘不够用的情况，因此，购买并安装第二块甚至第三块硬盘已经是一种很普遍的现象了。下面我们来介绍如何对新增硬盘进行初始化。

首先必须以管理员身份登录系统，才能对新硬盘进行分区。在桌面上，右键单击"此电脑"图标，选择"管理"命令。

在弹出的"计算机管理"界面中，选择"磁盘管理"，右侧会出现各个分区的使用情况，其中新增的硬盘的状态与其他已经使用的硬盘不同，它是黑色的外框，左边标明硬盘没有初始化。右键单击新增的硬盘，在弹出的快捷菜单中选择"初始化磁盘"命令，如图 4-6 所示。

初始化后硬盘会变为联机状态，右键单击黑色外框区域，在弹出的快捷菜单中选择"新建磁盘分区"命令。在弹出的新建磁盘分区向导中，选择新建的磁盘为扩展磁盘分区，设置分区大小。本例中，我们将分区大小设置为全部容量。新建磁盘分区完成后，黑色外框变为草绿色，在上面单击鼠标右键，选择"新建逻辑驱动器"命令。之后可以选择 NTFS 格式对新建逻辑驱动器进行快速格式化。格式化完成后，新增硬盘就可以使用了，如图 4-7 所示。

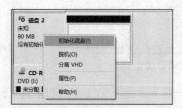

图 4-6　选择"初始化磁盘"命令

图 4-7　新增硬盘最终状态

### 19.3.4 Windows 10 系统下的硬盘分区

目前，很多主流品牌机出厂时都会预装正版 Windows 10 操作系统，它提供了一个压缩卷功能，可以非常简单地对不合理分区进行重新调整，迅速生成新的分区。

#### 1. 创建新的分区

首先必须以管理员身份登录系统，才能在硬盘上创建新的分区。在桌面上，右键单击"此电脑"图标，选择"管理"命令。

在弹出的"计算机管理"界面中，选择"磁盘管理"，界面右侧会出现 C 盘和 D 盘的使用情况。在界面的下方，可以看到 C 盘为 Windows 10 系统盘，出厂时默认分了 100GB 的空间给它，而 D 盘作为资料盘，其容量远大于 C 盘，如图 4-8 所示。这个分区方式显得不大合理。我们接下来会利用 Windows 10 自带的压缩卷功能从 D 盘空间中拆分出一个 120GB 的新分区。

在 D 盘状态栏中单击鼠标右键，在快捷菜单中选择"压缩卷"命令，如图 4-9 所示。"压缩卷"的功能是创建硬盘分区；"扩展卷"的功能是将硬盘分区进行合并；"删除卷"的功能是删除硬盘分区，从而将硬盘分区变为未分配状态，而未分配的硬盘区域是不会在计算机前台显示的。

由于硬盘空间大小不同，压缩卷进行分区时，系统会计算该盘的能够压缩的空间，可能会产生几秒钟卡顿，属于正常现象。

在弹出的对话框中显示，D 盘目前共有 384709MB 空间，剩余可支配的空间为 239049MB，如图 4-10 所示。这里需要注意，在使用压缩卷功能拆分 D 盘时，数据不会被压缩卷拆分，而会保留在 D 盘当中。拆分出来的区域为空白区域，即没有进行分配的硬盘空间。我们在压缩空间容量中填写所需要压缩的空间大小。

图 4-8　C 盘和 D 盘使用情况

图 4-9　选择"压缩卷"命令

图 4-10　压缩 D 盘

　　压缩卷设置完毕后，我们会发现在 D 盘右侧多出一块未分配区域，这块区域就是我们刚刚从 D 盘压缩出来的空白存储空间，我们需要通过新建简单卷来使该区域在前台显示。在未分配区域单击鼠标右键，在快捷菜单中选择"新建简单卷"命令。新建简单卷与压缩卷不同，压缩卷是将空闲硬盘分离出来作为未分配区域，而新建简单卷则是将未分配区域通过二次分配得到相应盘符和实际存储空间。

　　在弹出的新建简单卷设置向导中，我们可以为新建分区分配空间大小，为新建分区命名，并选择 NTFS 文件系统作为分区格式。在配置好以上文件系统模式后，单击"完成"，新加卷 E 盘就随之诞生了。新加卷 E 盘被重新定义，且在前台显示出来，如图 4-11 所示。

图 4-11　新加卷 E 盘

## 2. 删除分区

　　对硬盘可以进行拆分，也可以进行合并。如果用户对前面新建的分区不满意，可以将其重新合并成一整块区域，然后重新进行分配。

　　右击需要释放的硬盘，在快捷菜单中选择"删除卷"命令。需要注意的是，采用压缩卷对原有分区进行拆分的时候，允许分区内存放数据，但在删除分区的时候，必须将存有的数据和资料提前备份，一旦删除分区，该分区内数据资料将全部丢失。执行删除卷操作后，只是将逻辑驱动器删除，之后还要删除所在分区，右键单击相应的逻辑驱动器，在快捷菜单中选择"删除卷"命令，如图 4-12 所示，随即未分配的空间将合并。

如果需要将一个分区和未分配空间合并，右键单击此分区，在快捷菜单中选择"扩展卷"命令，此分区与未分配的空间进行合并。

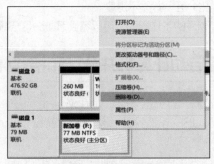

图 4-12　选择"删除卷"命令

由于品牌机销量逐渐增多，预设硬盘通常为一到两个分区，且分区布局不合理。利用这种方法调整分区空间既安全又快速，而且通过压缩卷拆分硬盘空间的方法也同样适用于系统盘和外置移动硬盘。想要调整不合理分区的用户不妨尝试一下这种方法。相比较第三方分区软件，使用压缩卷的方式调整硬盘分区能保证数据更安全。

# 任务 20　格式化硬盘

格式化硬盘是指对创建的分区进行初始化，并确定数据的写入区。只有经过格式化的分区才能安装软件和存储数据。格式化操作后，将会清除已存储数据的分区中的所有内容。

## 20.1　任务目标

本任务将介绍格式化硬盘的相关知识，并介绍对已经分区的硬盘进行格式化操作。通过本任务的学习，可以掌握格式化硬盘的具体操作方法。

## 20.2　相关知识

格式化主要包括低级格式化和高级格式化。

### 1．低级格式化

低级格式化又叫物理格式化。它将空白的磁盘划分出柱面和磁道，再将磁道划分为若干个扇区。硬盘在出厂时已经进行过低级格式化操作，常见低级格式化工具有 LFormat、DM 及硬盘厂商们推出的各种硬盘工具等。

### 2．高级格式化

高级格式化只是重置硬盘分区表，并清除硬盘上的数据，而不对硬盘的柱面、磁道与扇区做改动。通常所说的格式化都是指高级格式化，常见的高级格式化工具有 DiskGenius、Fdisk 和 Windows 操作系统自带的格式化工具等。

## 20.3　任务实施

对于容量不同的硬盘，格式化操作基本相同。

下面介绍对刚才已经分区的硬盘进行格式化，具体操作如下。

（1）启动并打开 DiskGenius 软件的工作界面，选择需要格式化的硬盘并单击硬盘主分区对应的区域，单击"格式化"按钮。

（2）在打开的"格式化分区"对话框中设置格式化分区的各种选项，单击"格式化"按钮。

（3）此时将弹出提示框，要求用户确认是否格式化分区，单击"是"按钮。

（4）DiskGenius 开始格式化分区，并显示进度。

完成后将返回 DiskGenius 软件的工作界面，可以看到系统分区已经完成格式化。

## 实训 4.1　用 U 盘启动计算机并分区和格式化

本实训主要包括设置计算机为 U 盘启动、进入 Windows PE 系统、硬盘分区和格式化这 4 个步骤。

（1）插入 U 盘启动盘，进入 UEFI 设置界面，将"First Boot Device"选项设置为"USB"，保存并退出。

（2）重新启动计算机，打开大白菜启动菜单，选择"运行 WIndows PE"选项，进入 Windows PE 系统，选择"开始"→"所有程序"→"装机工具"→"DiskGenius"，启动 DiskGenius。

（3）先创建主分区，其容量为 200GB，然后将整个硬盘剩余的空间划分为两个逻辑分区。

（4）分区完成后，分别对各个分区进行格式化操作。

## 实训 4.2　设置计算机为硬盘启动

本实训将综合运用前面所学知识。首先启动计算机，然后进入 BIOS 设置界面，接着进入启动设置界面，最后选择启动选项，选择硬盘作为第一启动设备。

（1）启动计算机，按 Delete 键进入 UEFI 设置界面，单击上面的"启动"按钮；打开"启动"界面，在"设定启动顺序优先级"栏中选择"启动选项#1"选项。

（2）在打开的"启动选项#1"对话框中选择"Hard Disk"选项。

（3）此时将返回"启动"界面，在"设定启动顺序优先级"栏中选择"启动选项#2"选项。

（4）在打开的"启动选项#2"对话框中选择"USB Hard Disk"选项。

（5）此时将返回"启动"界面，单击上面的"保存并退出"按钮；此时将打开"保存并退出"界面，在"保存并退出"栏中选择"储存变更并重新启动"选项。

（6）此时将打开提示框要求用户确认是否保存并重新启动，单击"是"按钮，完成计算机启动顺序的设置。

### 课后练习

（1）我们通常说的"BIOS 设置"或"COMS 设置"的完整的说法是（　　）。

　　A. 利用 BIOS 设置程序对 CMOS 参数进行设置

　　B. 利用 CMOS 设置程序对 BIOS 参数进行设置

　　C. 利用 CMOS 设置程序对 CMOS 参数进行设置

　　D. 利用 BIOS 设置程序对 BIOS 参数进行设置

（2）BIOS 芯片是一个（　　）存储器。

　　A. 只读　　　　　　B. 随机　　　　　　C. 动态随机　　　　D. 静态随机

（3）（　　）不可以作为硬盘的接口。

　　A. IDE　　　　　　B. SCSI　　　　　　C. USB　　　　　　D. AGP

（4）磁盘盘片上记录信息的圆形轨迹称为（　　）。

　　A. 磁道　　　　　　B. 磁极　　　　　　C. 轨迹　　　　　　D. 轨道

（5）在硬盘中每一个扇区的容量是（　　）。

  A. 512b      B. 512B      C. 1024b      D. 1024B

（6）下列对硬盘传输速率影响最小的是（　　）。

  A. 寻道时间      B. 寻址时间      C. 转速      D. 容量

（7）下列关于低级格式化描述错误的是（　　）。

  A. 低级格式化会彻底清除硬盘里的内容

  B. 低级格式化需要特殊的软件

  C. 低级格式化对硬盘是有害的

  D. 硬盘的低级格式化在每个磁片上划分出一个个同心圆的磁道

（8）在硬盘中对数据进行存取是以（　　）为单位进行的。

  A. 簇      B. 字节      C. 位      D. 扇区

## 技能提升

### 1. 设置 U 盘启动

不同类型的 BIOS，设置 U 盘启动的方式有所差别。

● Phoenix-Award BIOS：启动计算机，进入 BIOS 设置界面，选择"Advanced BIOS Features"选项，在"Advanced BIOS Features"界面里选择"Hard Disk Boot Priority"选项，进入 BIOS 开机启动项优先级选择界面，选择"USB-FDD"或者"USB-HDD"之类的选项（计算机会自动识别插入的 U 盘）；或者在"Advanced BIOS Features"界面里，选择"First Boot Device"选项，在打开的界面中选择"USB-FDD"等 U 盘选项。

● 其他的 BIOS：启动计算机，进入 BIOS 设置界面，按方向键选择"Boot"选项，在"Boot"界面里选择"Boot Device Priority"选项，然后选择"1st Boot Device"选项，在该选项里选择插入计算机中的 U 盘作为第一启动设备。

### 2. 2TB 以上大容量硬盘分区的注意事项

对 2TB 以上大容量硬盘进行分区时，必须使用 GPT 分区才可识别整个硬盘容量。如果使用 GPT 分区，系统盘采用 GPT 格式，则对计算机的硬件有以下要求。

● 必须使用采用了 UEFI 的主板。

● 主板的南桥驱动程序要求兼容 Long LBA。

● 必须安装 64 位的操作系统。

### 3. 主分区注意事项

主分区（C 盘）是系统盘，硬盘的读写操作比较多，产生错误和磁盘碎片的概率也较大，扫描磁盘和整理碎片是日常工作。若 C 盘的容量过大，往往会使这两项工作进展缓慢，从而影响工作效率。因此，主分区的容量不能太大。

主分区除了操作系统，建议不要放置别的程序和资料，最好将各种程序放置到程序分区中；各种文本、表格、文档等需要其他程序才能打开的资料，都放置到资料分区中。这样即使系统"瘫痪"不得不重装时，可用的程序和资料也会完整无缺，很快就可以恢复工作，不必为了重新找程序恢复数据而头疼。

# 项目5
# 安装操作系统和常用软件

## 【情景导入】

不知道大家有没有奇怪一件事：MacBook 的界面跟联想笔记本电脑的界面截然不同，但联想笔记本电脑的界面跟戴尔笔记本电脑的界面相似，所以似乎并不是不同的笔记本电脑品牌的界面都是不同的。那么究竟是什么导致了 MacBook 的界面和其他笔记本电脑的界面不同呢？

答案是操作系统。本项目我们将学习安装 Windows 10 操作系统、升级为 Windows 11 操作系统、安装驱动程序、安装与卸载常用软件以及构建虚拟计算机平台。通过本项目的学习，读者将会对操作系统和驱动程序有更深的了解和认识。

## 【学习目标】

### 【知识目标】
- 了解安装操作系统、驱动程序、常用软件的知识。
- 熟练掌握安装操作系统的基本操作。
- 熟练掌握安装驱动程序的基本操作。
- 认识虚拟机软件。
- 熟练掌握虚拟机的创建和配置。
- 熟练掌握在 VMware Workstation 中安装操作系统的基本操作。

### 【技能目标】
- 学会安装 Windows 10 操作系统，并能安装其他版本的操作系统。
- 能安装各种硬件的驱动程序。
- 能根据不同的用途和需要安装和卸载各种软件。
- 掌握虚拟机软件的各种操作。

### 【素质目标】
- 加强爱国主义教育、弘扬爱国精神与工匠精神。
- 培养自我学习的能力和习惯。
- 树立团队互助、进取合作意识。

## 【知识导览】

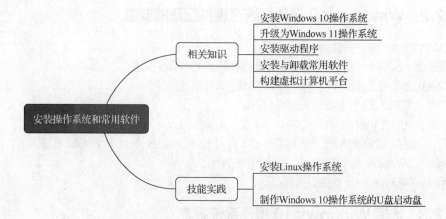

安装操作系统和常用软件
- 相关知识
  - 安装Windows 10操作系统
  - 升级为Windows 11操作系统
  - 安装驱动程序
  - 安装与卸载常用软件
  - 构建虚拟计算机平台
- 技能实践
  - 安装Linux操作系统
  - 制作Windows 10操作系统的U盘启动盘

# 任务 21 安装 Windows 10 操作系统

操作系统是管理计算机硬件与软件资源的计算机程序。操作系统需要处理管理与配置内存、决定系统资源供需的优先次序、控制输入设备与输出设备、操作网络与管理文件系统等基本事务。

操作系统也提供一个让用户与系统交互的操作界面。Windows 系列操作系统是目前主流的操作系统，目前使用较多的版本是 Windows 10。

## 21.1 任务目标

学会安装 Windows 10 操作系统。

## 21.2 相关知识

在安装操作系统前，还需要了解 3 方面的知识，一是选择安装的方式，二是了解安装 Windows 10 操作系统对计算机硬件的要求，三是选择 Windows 10 操作系统的版本。

### 21.2.1 选择安装方式

操作系统的安装方式通常有两种——升级安装和全新安装。全新安装又分为使用光盘安装和使用 U 盘安装两种。

**1. 升级安装**

升级安装是在计算机中已安装有操作系统的情况下，将其升级为更高版本的操作系统。但是，由于升级安装会保留已安装系统的部分文件，为避免旧系统中的问题遗留到新的系统中，一般建议删除旧系统，使用全新安装方式。

**2. 全新安装**

全新安装是指在计算机中安装一个全新的操作系统。

（1）光盘安装：光盘安装就是购买正版的操作系统安装光盘，将安装光盘、放入光驱，通过该安装光盘启动计算机，然后将光盘中的操作系统安装到计算机硬盘的系统分区中。这也是过去很长一段时间里最常用的操作系统安装方式。

（2）U 盘安装：这是一种现在非常流行的操作系统安装方式。首先从网上下载正版的操作系统安装文件，将其放置到硬盘或移动存储设备中，然后通过 U 盘启动计算机，在 Windows PE 操作系统中找到安装文件，通过该安装文件安装操作系统。

## 21.2.2　Windows 10 操作系统对硬件配置的要求

中文 Windows 10 的标准硬件要求如下。

- 显示器：800px×600px 或分辨率更高的视频适配器和监视器。
- CPU：1GHz 或者更高（支持 PAE 模式、NX 和 SSE2）。
- 内存：1GB（32 位）或 2GB（64 位）。
- 硬盘：16GB（32 位）或 20GB（64 位）硬盘空间。
- 显卡：显存 128MB 以上，支持 DirectX 9、Pixel Shader 2.0 和 WDDM 等技术。
- 网卡：10Mbit/s 或 100Mbit/s 以上带宽的网卡。
- 固件：UEFI 2.3.1，支持安全启动。

## 21.2.3　选择 Windows 10 操作系统版本

### 1. Windows 10 家庭版

Windows 10 家庭版是普通用户用得最多的版本，许多 PC 都会预装 Windows 10 家庭版。该版本拥有 Windows 全部核心功能，比如 Edge 浏览器、Cortana 语音助手、虚拟桌面、微软 Windows Hello、虹膜与指纹登录、Xbox One 流媒体游戏等。

### 2. Windows 10 专业版

Windows 10 专业版主要面向电脑技术爱好者和企业技术人员，除了拥有 Windows 10 家庭版所包含的功能外，主要增加了一些安全类及办公类功能。如允许用户管理设备及应用、保护敏感企业数据、支持远程及移动生产力场景、支持云技术等。除此之外还内置了一系列 Windows 10 增强的技术，主要包括组策略、BitLocker 驱动器加密、远程访问服务、域功能等。

### 3. Windows 10 企业版

Windows 10 企业版是针对企业用户提供的版本，相比于家庭版本，企业版提供了专为企业用户设计的强大功能，例如不需要虚拟专用网络（Virtual Private Network，VPN）即可连接的 Direct Access、支持应用白名单的 AppLocker、通过点对点连接与其他 PC 共享下载与更新的 BranchCache，以及基于组策略控制的开始屏幕等。

Windows 10 企业版也具备 Windows Update for Business 功能，还新增了一种名为 Long Term Servicing Branches 的服务，可让企业用户拒绝功能性升级而只获得安全相关的升级。更重要的是，用户无法免费升级至 Windows 10 企业版，这一版本只会通过批量许可服务渠道发布，普通消费者无法直接购买。

### 4. Windows 10 教育版

Windows 10 教育版是专为大型学术机构设计的版本，具备企业版中的安全、管理及连接功能。除了更新选项方面的差异之外，Windows 10 教育版与 Windows 企业版功能几乎没有区别。

## 21.3　任务实施

## 21.3.1　安装中文 Windows 10 的基本步骤

下面简要介绍 Windows 10 的全新安装流程，如图 5-1 所示。

图 5-1　Windows 10 安装流程

## 21.3.2　安装中文 Windows 10 步骤详解

下面介绍安装 Windows 10 的具体操作，安装 Windows 10 和修复安装 Windows 10 的视频可扫描二维码观看。

安装中文 Windows 10　　　　　修复安装 Windows 10

（1）将制作好的 U 盘启动盘插入需要安装操作系统的计算机（本教程以联想笔记本电脑为例），重启计算机，按 F12 键进入 BIOS（重启时可以一直快速按 F12 键），使用方向键选择"USB HDD"，如图 5-2 所示，按 Enter 键。

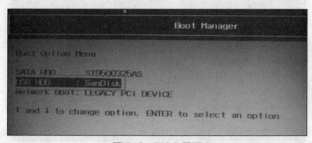

图 5-2　BIOS 界面

（2）出现系统加载界面，然后会出现系统安装对话框，单击"下一步"按钮，显示的画面如图 5-3 和图 5-4 所示。

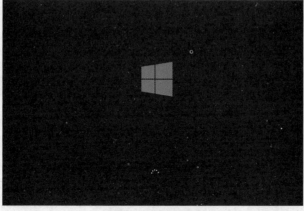

图 5-3　系统加载界面

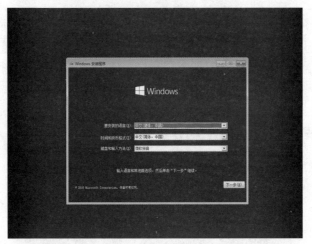

图5-4　系统安装对话框

（3）单击"现在安装"按钮，如图5-5所示。

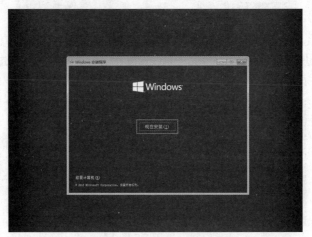

图5-5　单击"现在安装"按钮

（4）勾选"我接受许可条款"复选框，如图5-6所示，单击"下一步"按钮。

图5-6　勾选"我接受许可条款"复选框

（5）选择"自定义"选项，如图 5-7 所示。

图 5-7　选择"自定义"选项

（6）选中"驱动器 0 分区 2"，然后单击"格式化"进行格式化，如图 5-8 所示。这是需要安装操作系统的盘，也就是安装好操作系统后的 C 盘，只需将这一个盘格式化即可。若电脑内其他盘有文件，安装好系统后其他盘的文件还存在。

图 5-8　单击"格式化"

（7）单击"下一步"按钮，如图 5-9 所示。

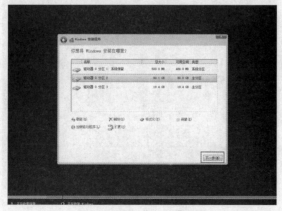

图 5-9　单击"下一步"按钮

（8）此时系统会自动安装 Windows，如图 5-10 所示。

图 5-10　自动安装 Windows

（9）完成后会出现重启界面，此时直接拔掉 U 盘，让其自动重启即可，如图 5-11 所示。

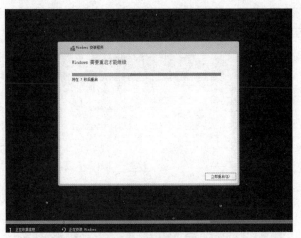

图 5-11　重启

（10）重启后会进入"快速上手"设置界面，单击"自定义"按钮，如图 5-12 所示。

图 5-12　单击"自定义"按钮

（11）建议将"自定义设置"中的所有选项都设置为"关"，然后依次单击"下一步"按钮并将所有选项设置为"关"，如图 5-13～图 5-15 所示。

图 5-13　自定义设置 1

图 5-14　自定义设置 2

图 5-15　自定义设置 3

（12）当出现图 5-16 所示的连接界面时，选择"加入本地 Active Directory 域"选项，然后单击"下一步"按钮。

图 5-16　连接界面

（13）设置用户名和密码，如图 5-17 所示。建议用户名为英文，密码如果不填就默认为没有密码。建议使用密码，可加入数字或特殊符号等。密码提示会在输入密码错误时出现，所填信息最好是能让自己想起密码但又与密码不同、且不会让别人猜到密码。

图 5-17　设置用户名和密码

（14）单击"启用 Cortana（小娜）"按钮，可进行语音操作等，如图 5-18 所示。

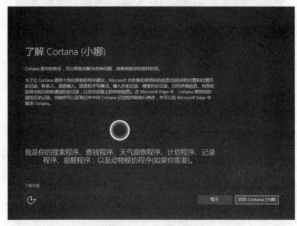

图 5-18　了解小娜

（15）设置生效过程中屏幕上会出现一些文本，如图 5-19 所示。

千门万户瞳瞳日，总把新桃换旧符。
Windows 将稳步更新，为你的网络之旅
保驾护航。

图 5-19　显示文本

等待一段时间后就安装完成了。

## 任务 22　升级为 Windows 11 操作系统

### 22.1　任务目标

Windows 11 提供了许多创新功能，旨在支持当前的混合工作环境，侧重于在灵活多变的全新体验中提高用户的工作效率。通过本任务的学习，读者将会学习如何将 Windows 10 操作系统升级为 Windows 11 操作系统。

### 22.2　相关知识

升级为 Windows 11 操作系统的硬件要求如下。
- CPU：1 Ghz 或更快，具有 2 个或多个内核。
- 内存：4 GB（64 位）及以上。
- 硬盘：64 GB 或更大的存储设备。
- 系统固件：UEFI（统一可扩展固件接口，这是一种支持 PC BIOS）安全启动的新式版本。
- TPM：TPM (2.0) 受信任的平台模块。
- 显卡：支持 DirectX 12 和 WDDM 2.0 等技术。
- 显示器：支持高清晰度（720P）对角线显示。如果显示器大小小于 9 英寸，则 Windows 用户界面可能不会完全可见。

### 22.3　任务实施

下面进行升级 Windows 11 驱动程序的操作。
（1）按"win+I"组合键，打开"设置"窗口，单击"更新和安全"，如图 5-20 所示。

图 5-20　"设置界面"窗口

（2）单击左上角的"windows 更新"，然后单击右侧的"下载并安装"就可以升级了，如图 5-21 所示。

图 5-21　单击"下载并安装"

（3）下载并安装完成后，重启计算机，进入 Windows 11 系统，Windows 11 桌面如图 5-22 所示。

图 5-22　Windows 11 桌面

# 任务 23　安装驱动程序

## 23.1　任务目标

本任务将通过光盘安装和网上下载两种方式，讲解驱动程序的安装方式。通过本任务的学习，读者可以掌握计算机中各种硬件驱动程序的安装方法。

## 23.2　相关知识

### 23.2.1　驱动程序介绍

#### 1. 驱动程序的介绍

驱动程序指的是设备驱动程序。其可以使计算机和设备通信，相当于硬件的接口，操作系统只可以通过这个接口控制硬件的工作。因此，驱动程序被比作"硬件和系统之间的桥梁"。

**2. 驱动程序的种类**

驱动程序可分为主板驱动程序、显卡驱动程序、声卡驱动程序、其他驱动程序。其他驱动程序有可移动存储介质的驱动程序、鼠标驱动程序、打印机驱动程序、扫描仪驱动程序等。

## 23.2.2　网络下载驱动程序

网络已经成为人们工作和生活的一部分，在网络中人们可方便地获取各种资源。驱动程序也不例外，人们通过网络可查找和下载各种硬件设备的驱动程序。在网上人们主要通过以下两种方式获取驱动程序。

（1）访问硬件厂商的官方网站，在硬件的官方网站可以找到驱动程序的各种版本。

（2）访问专业的驱动程序下载网站，如专业驱动程序下载网站"驱动之家"。在该网站中，用户几乎能找到所有硬件设备的驱动程序，并且此网站有多个版本供选择。

## 23.2.3　选择驱动程序的版本

根据发布者和程序版本的不同，驱动程序可以分为官方正式版、微软 WHQL 认证版、Beta 测试版、发烧友修改版、第三方合作厂商公布版等。

**1. 官方正式版**

官方正规渠道发布的驱动程序，一般性能稳定、功能强大、兼容性好、漏洞少。

**2. 微软 WHQL 认证版**

Windows 硬件质量实验室（Windows Hardware Quality Labs，WHQL）认证是为了测试驱动程序与操作系统的相容性及稳定性而制定的，也就是说，通过了这个认证的驱动程序与 Windows 系统基本上不存在兼容问题。

**3. Beta 测试版**

这是正式发布之前在内部测试的驱动版本，往往稳定性、兼容性、功能性不够，可能会有漏洞，不推荐初学者使用。

**4. 发烧友修改版**

发烧友修改版指某些团体或者个人出于某些需求或者兴趣爱好在官方发布的程序基础上修改而成的版本。其功能性、个性化、兼容性更强，建议有特殊需求的"发烧友"使用，不推荐初学者使用。

**5. 第三方合作厂商公布版**

硬件产品第三方合作厂商发布的基于官方驱动程序优化而成的驱动程序，一般比官方驱动程序拥有更加完善的功能和更加强劲的性能，稳定性更强，兼容性更好。对于品牌机用户，第三方驱动程序一般优于官方驱动程序；对于组装机用户，由于情况相对复杂，官方驱动程序应是首选。

## 23.3　任务实施

### 23.3.1　通过光盘安装驱动程序

**1. 驱动程序的安装顺序**

驱动程序的安装顺序如图 5-23 所示。

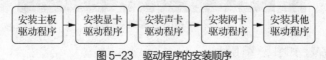

图 5-23　驱动程序的安装顺序

**2. 组装机驱动程序的安装**

组装机的很多配件在购买时都带有驱动程序光盘，这些光盘一定要妥善保存。一般情况下，如果主板不安装驱动程序也能工作，但不能在最佳状态下工作。为主机板安装驱动程序主要是驱动主机板的南桥和北桥芯片。各主板驱动程序的功能和安装方法有些小的区别，但基本相同。图 5-24 所示为华硕 MAXIMUS IV EXTREME 主板的驱动程序光盘和说明书。

图 5-24    华硕 MAXIMUS IV EXTREME 主板的驱动程序光盘和说明书

驱动程序光盘多数是自启盘，将驱动程序光盘放入光驱后，会自动弹出安装的主界面。主界面上一般有芯片组升级程序、网卡驱动程序和声卡驱动程序等。用户可以根据需要进行"全部安装"或"选择安装"。驱动程序的安装过程十分简单，用户按照安装向导的提示进行安装即可。

**3. 通过驱动光盘整体安装所有驱动程序**

（1）将驱动程序的安装光盘放入光驱，待光盘自动运行后，在弹出的界面中单击"全部安装"按钮，如图 5-25 所示。

图 5-25    单击"全部安装"按钮

（2）等待安装完成，如图 5-26 所示。

（3）安装完成后，在弹出的界面中单击"确定"按钮重启计算机即可。

图 5-26　等待安装完成

**4. 通过驱动光盘安装单个驱动程序**

（1）将驱动程序的安装光盘放入光驱，待光盘自动运行后，在弹出的界面中选择需要安装的驱动程序，再单击"选择安装"按钮，驱动列表如图 5-27 所示。

图 5-27　驱动列表

（2）单击"下一步"按钮，如图 5-28 所示。

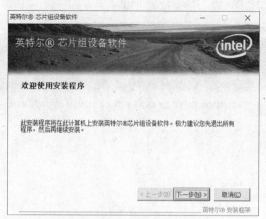

图 5-28　单击"下一步"按钮

（3）单击"是"按钮接受条款，如图 5-29 所示。

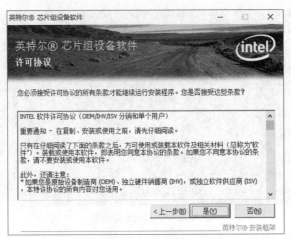

图 5-29　接受条款

（4）单击"下一步"按钮进行安装，如图 5-30 所示。

图 5-30　进行安装

（5）单击"完成"按钮结束安装，如图 5-31 所示。

图 5-31　结束安装

### 23.3.2　安装网上下载的驱动程序

从网上下载的安装文件通常为压缩文件，用户在安装时需找到启动安装文件的可执行文件，其名称一般为"setup.exe"或"install. exe"，有的以软件名称命名。找到并启动其安装程序即可进行安装。下面以安装网上下载的声卡驱动程序为例进行介绍，具体过程如下。

（1）在硬盘或 U 盘中找到下载的声卡驱动程序，双击安装程序，打开声卡驱动程序的安装界面，单击"下一步"按钮。

（2）驱动程序开始检测计算机的声卡设备并显示进度。

（3）检测完毕，开始安装声卡驱动程序。

（4）安装完成后，保持默认设置，单击"完成"按钮重新启动计算机即可。

## 任务 24　安装与卸载常用软件

## 24.1　任务目标

本任务将讲解安装与卸载常用软件的相关操作。通过本任务的学习，可以掌握计算机中各种软件的安装与卸载方法。

## 24.2　相关知识

### 24.2.1　获取软件的方法

常用软件的获取途径主要有两种，分别是从官方网站上下载安装软件文件和在应用商店下载安装软件。

（1）官网下载：许多软件公司都会在官方网站上提供软件下载链接。通常情况下，官方网站会更加安全、可靠。

（2）应用商店下载：在正规的应用商店下载，不但软件的质量有保证，而且能享受升级服务和技术支持，这对计算机的正常运行很有帮助。

### 24.2.2　软件的版本

了解软件的版本有助于选择合适的软件，常见的软件版本主要包括以下 4 种。

**1. 测试版**

软件的测试版表示软件还在开发中，各项功能并不完善，也不稳定。开发者会根据使用测试版的用户反馈的信息对软件进行修改，通常这类软件会在软件名称后面注明测试版或 Beta 版。

**2. 试用版**

试用版是软件开发者将正式版软件有限制地提供给用户使用，如果用户觉得软件符合使用要求，可以通过付费的方式解除相关的限制。试用版又分为全功能限时版和功能限制版。

**3. 正式版**

正式版是正式上市的版本，它经过开发者测试已经能稳定运行。普通用户应该尽量选用正式版的软件。

**4. 升级版**

升级版是软件上市一段时间后，软件开发者在原有功能的基础上增加部分功能，并修复已经发现的错误和漏洞，然后推出的更新版本。安装升级版需要先安装软件的正式版，然后在其基础上安装更新或补丁程序。

## 24.3 任务实施

### 24.3.1 安装软件

软件的类型虽然很多，但安装过程大致相似。下面就以安装网易云音乐软件为例，讲解安装软件的基本方法，具体操作如下。

（1）打开网易云音乐的官网，下载客户端，如图5-32所示。

图5-32　网易云官网

（2）进入下载界面，如图5-33所示，选择Windows版本，单击"下载电脑端"。

图5-33　下载界面

（3）弹出下载软件对话框，单击"确定"按钮确认下载，如图5-34所示。

图 5-34　确认下载

（4）下载完成后打开文件，弹出的安装界面如图 5-35 所示。

图 5-35　安装界面

（5）选择自定义安装，并选择合适的安装路径。一般会将软件下载到 C 盘以外的盘，因为 C 盘内容过多会造成计算机卡顿，影响使用。这里我们下载到 D 盘，并取消勾选"开机启动"，然后单击"立即安装"，如图 5-36 所示。

图 5-36　自定义安装

（6）等待一段时间即可安装完成，如图 5-37 所示。

图 5-37　安装完成

### 24.3.2　卸载软件

很多人刚接触计算机，下载了很多软件，删除的时候把桌面上的软件图标拖到回收站里，便以为大功告成，卸载成功。其实桌面上的软件图标只是软件的快捷方式，将之拖到回收站也只是删掉了软件的快捷方式，并没有真正卸载掉软件。那么我们一般是如何卸载软件的呢？

（1）打开搜索栏，搜索"控制面板"，如图 5-38 所示。

图 5-38　搜索"控制面板"

（2）打开控制面板后，单击"程序和功能"，弹出的"程序和功能"窗口如图 5-39 所示。

图 5-39 "程序和功能"窗口

（3）找到想卸载的软件，双击后单击"确认"按钮即可开始卸载，如图 5-40 所示。

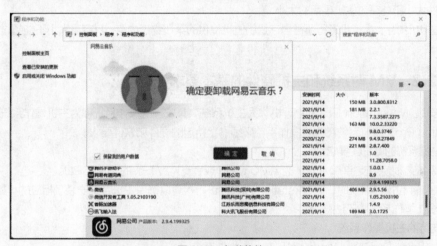

图 5-40 卸载软件

# 任务 25 构建虚拟计算机平台

## 25.1 任务目标

- 认识虚拟机软件 VMware Workstation。
- 熟练掌握 VMware Workstation 中虚拟机的创建与配置。
- 熟练掌握在 VMware Workstation 中安装操作系统的方法。

## 25.2 相关知识

### 25.2.1 VM 的基本概念

VMware Workstation（简称 VM）是一款比较专业的虚拟机软件，它可以同时运行多个虚拟的操作系统，当需要在计算机中进行一些没有进行过的操作（如重装系统、安装多系统或 BIOS 升级等）时，就可以使用 VM 模拟这些操作。VM 在软件测试等专业领域使用较多。该软件属于商业软件，普通用户需要付费购买。

VM 的功能相当强大，应用也非常广泛，只要是涉及使用计算机的场景都能派上用场。教师、学生、程序员和编辑等都可以利用它来解决一些难题。在使用 VM 之前，需先了解一些相关的名词，下面分别对这些名词进行讲解。

- 虚拟机：通过软件模拟具有计算机系统功能，且运行在完全隔离的环境中的完整计算机系统。通过虚拟机软件，可以在一台物理计算机上模拟出一台或多台虚拟的计算机，这些虚拟的计算机（简称虚拟机）可以像真正的计算机一样进行工作，如可以安装操作系统和应用程序等。虚拟机只是运行在计算机上的一个应用程序，但对虚拟机中运行的应用程序而言，可以得到与在真正的计算机中进行操作一致的结果。
- 主机：运行虚拟机软件的物理计算机，即用户所使用的计算机。
- 客户机系统：虚拟机中安装的操作系统，也称"客户操作系统"。
- 虚拟机硬盘：由虚拟机在主机上创建的文件，其容量大小受主机硬盘的限制，即存放在虚拟机硬盘中的文件大小不能超过主机硬盘的大小。
- 虚拟机内存：虚拟机运行所需内存是由主机提供的某段物理内存，其容量大小不能超过主机的内存容量。

## 25.2.2  VM 对系统和主机硬件的基本要求

用于安装 Workstation Pro 的物理机称为主机系统，其安装的操作系统称为主机操作系统。要运行 Workstation Pro，主机系统和主机操作系统必须满足特定的硬件和软件要求。

### 1. 主机系统的 CPU 要求

主机系统必须使用支持 AMD-V 的 AMD CPU 或者支持 VT-x 的 Intel CPU。

在安装 64 位操作系统时，Workstation Pro 会进行检查以确保主机系统安装了相应的。如果 CPU 不符合要求，操作系统将无法被安装。

### 2. 支持的主机操作系统

Workstation Pro 支持 Windows 和 Linux 操作系统。

### 3. 主机系统的内存要求

主机系统最少需要具有 2GB 内存，建议具有 4GB 或更多。

### 4. 主机系统的显示要求

主机系统必须具有 16 位或 32 位显示器，并应使用 NVIDIA GeForce 8800GT 或更高版本图形处理器。

### 5. ALSA 要求

主机系统中的 ALSA 库版本必须为 1.0.16 或更高版本。

## 25.2.3  VM 快捷键

Ctrl+B：开机。
Ctrl+E：关机。
Ctrl+R：重启。
Ctrl+Z：挂起。
Ctrl+N：新建虚拟机。

Ctrl+O：打开虚拟机。

Ctrl+F4：关闭所选择虚拟机的概要或者控制视图。如果虚拟机开着，将出现一个确认对话框。

Ctrl+D：编辑虚拟机配置。

Ctrl+G：为虚拟机捕获鼠标和键盘焦点。

Ctrl+P：编辑参数。

Ctrl+Alt+Enter：进入全屏模式。

Ctrl+Alt：返回正常（窗口）模式。

Ctrl+Alt+Tab：当鼠标和键盘焦点在虚拟机中时，在打开的虚拟机中切换。

Ctrl+Tab：当鼠标和键盘焦点不在虚拟机中时，在打开的虚拟机中切换。VM 应用程序必须在活动应用状态。

### 25.2.4　设置虚拟机

虚拟机创建完成后，需要对其进行简单配置，如新建虚拟硬盘、设置内存的大小及设置显卡和声卡等虚拟设备。VM 通常在创建虚拟机时就已经完成这些设置了，用户可以对这些设置进行修改。打开 VM 主界面，在创建的虚拟机的选项卡中单击"编辑虚拟机设置"超链接，打开"虚拟机设置"界面，在其中可对虚拟机进行相关的设置。

## 25.3　任务实施

### 25.3.1　创建虚拟机

流行的虚拟机软件有 VMware Workstation、Virtual Box 和 Virtual PC 等，它们都能在现有的系统上虚拟出多个计算机系统。接下来介绍通过 VMware Workstation Pro 16 建立虚拟机系统的详细步骤。

（1）进入应用程序后，选择"文件"菜单中的"创建虚拟机"命令，VM 主界面如图 5-41 所示。

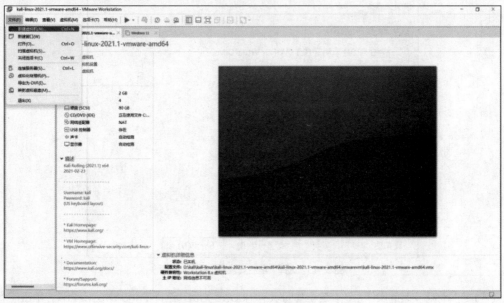

图 5-41　VM 主界面

（2）选择"典型"选项，单击"下一步"按钮，如图 5-42 所示。

图 5-42　使用"典型"的配置

（3）选择"稍后安装操作系统"选项，单击"下一步"按钮，如图 5-43 所示。

图 5-43　选择"稍后安装操作系统"选项

（4）选择你想安装的操作系统，这里我们以 Windows 为例，选择 Windows 10 x64，单击"下一步"按钮，如图 5-44 所示。

图 5-44　选择要安装的操作系统

（5）给我们的虚拟机取一个名字，然后设置安装位置，单击"下一步"按钮，如图 5-45 所示。

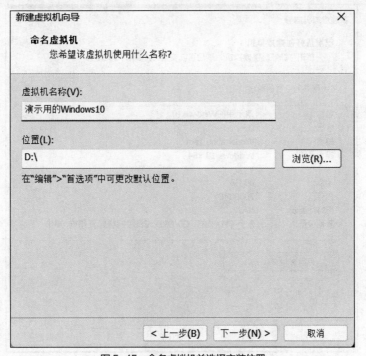

图 5-45　命名虚拟机并选择安装位置

（6）这里给虚拟机设置了 60.0GB 的磁盘大小，然后选择"将虚拟磁盘存储为单个文件"选项，单击"下一步"按钮，如图 5-46 所示。

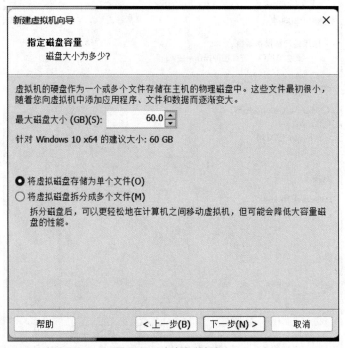

图5-46　自定义磁盘大小

（7）单击"自定义硬件"按钮，如图5-47所示。

图5-47　单击"自定义硬件"按钮

（8）将内存设置为2GB，处理器也是两个，如图5-48所示。

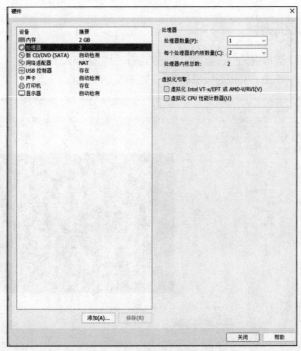

图 5-48  设置内存和处理器

（9）"新 CD/DVD"必须选择自己下载的 ISO 映像文件，如图 5-49 所示。

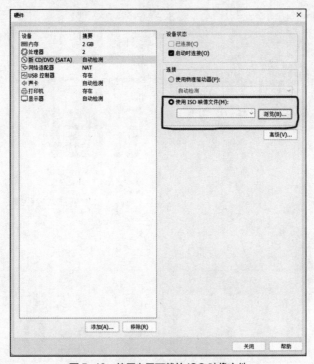

图 5-49  使用自己下载的 ISO 映像文件

（10）配置好以后单击"关闭"按钮，再单击"完成"按钮，即可开启虚拟机。

### 25.3.2 设置虚拟机

下面以设置 U 盘启动虚拟机为例设置虚拟机的方法，具体操作如下。

（1）在 VM 主界面中单击"编辑虚拟机设置"，如图 5-50 所示。

图 5-50　VM 主界面

（2）在弹出的"虚拟机设置"对话框中单击"添加"按钮，如图 5-51 所示。

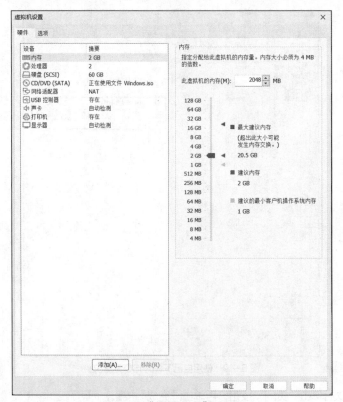

图 5-51　"虚拟机设置"对话框

（3）弹出"添加硬件向导"对话框，选择"硬盘"，单击"下一步"按钮，如图 5-52 所示。

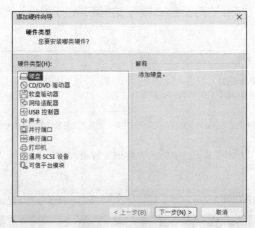

图 5-52　添加硬件

（4）选择默认（推荐）的硬盘接口"NVMe"，单击"下一步"按钮，如图 5-53 所示。

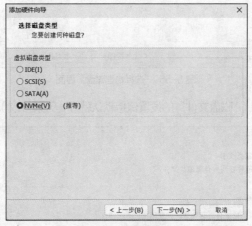

图 5-53　选择磁盘类型

（5）选择"使用物理磁盘"选项，这一步很重要，单击"下一步"按钮，如图 5-54 所示。

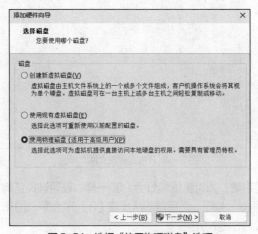

图 5-54　选择"使用物理磁盘"选项

（6）选择"使用整个磁盘"选项，一般选择尾数最大的设备（也就是最后一个，一般为U盘，有时候默认的最后一个可能不是U盘，在后面会做详解，这里不用过于担心），然后单击"下一步"按钮，如图5-55所示。

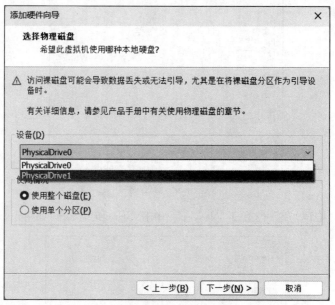

图5-55 "选择物理磁盘"界面

（7）单击"完成"按钮（"磁盘文件"的设置保持默认就好，无须修改），如图5-56所示。

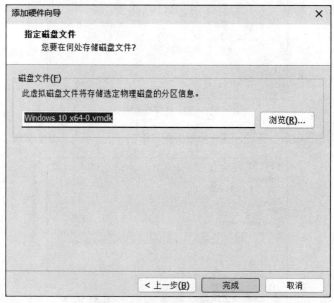

图5-56 "指定磁盘文件"界面

（8）这里一定要看清楚容量，如果容量跟U盘容量一样，证明选择正确；如果跟U盘容量对不上，就选择"新硬盘"，单击"移除"按钮，然后重新从步骤（3）开始逐一选择，直到容量对上U盘容量为止再单击"确定"按钮，如图5-57所示。

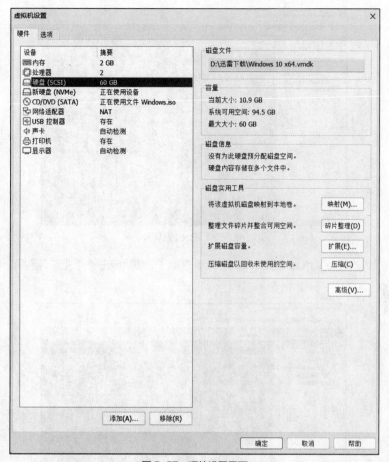

图 5-57  硬件设置界面

（9）选择"打开电源时进入固件"命令，如图 5-58 所示。

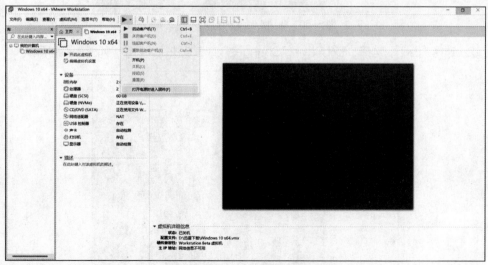

图 5-58  选择"打开电源时进入固件"命令

（10）选择"Boot"，选择"+Hard Drive"按 Enter 键，如图 5-59 所示。

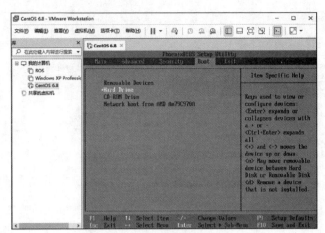

图 5-59　Boot 选项卡

（11）选择"VMware Virtual SCSI Hard Drive（0:1）"，然后单击"+"把它调到第一位，如图 5-60 所示。

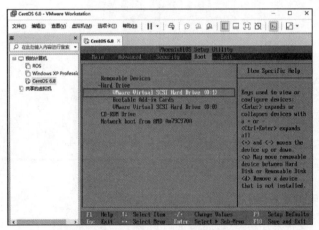

图 5-60　将 VMware Virtual SCSI 上调

（12）选择"Exit"，选择"Exit Saving Changes"或者按快捷键 F10，如图 5-61 所示。

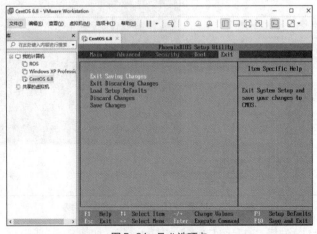

图 5-61　Exit 选项卡

（13）选择"Yes"后按 Enter 键，如图 5-62 所示。

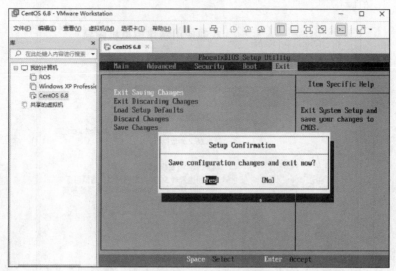

图 5-62　确认保存更改并退出

## 实训 5.1　安装 Linux 操作系统

本实训带领大家安装 Linux 操作系统。

（1）进入应用程序后，选择"文件"菜单中的"新建虚拟机"命令，VM 主界面如图 5-63 所示。

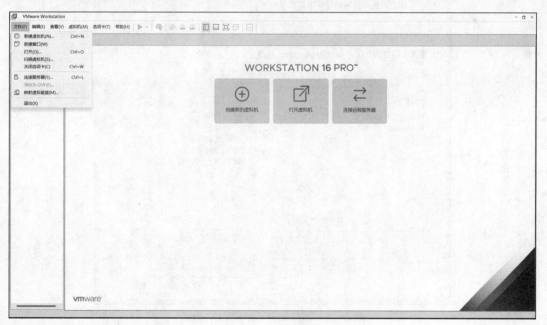

图 5-63　VM 主界面

（2）选择"自定义"选项，单击"下一步"按钮如图 5-64 所示。

图5-64 使用"自定义"的配置

（3）在"选择虚拟机硬件兼容性"界面中直接单击"下一步"按钮，如图5-65所示。

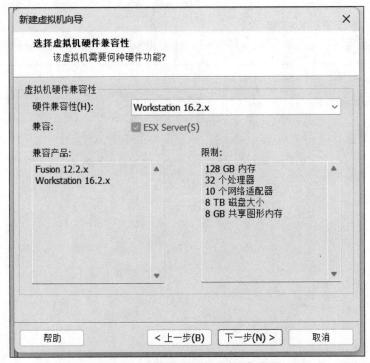

图5-65 "选择虚拟机硬件兼容性"界面

（4）选择"安装程序光盘映像文件"，单击"浏览"按钮，找到开始所下载的 CentOS 映像文件，单击"下一步"按钮，如图5-66所示。

图 5-66 "安装客户机操作系统"界面

（5）在"简易安装信息"界面中填写相关内容，单击"下一步"按钮，如图 5-67 所示。

图 5-67 "简易安装信息"界面

（6）为我们的虚拟机取一个名字，然后设置安装位置，单击"下一步"按钮，如图 5-68 所示。

图5-68　命名虚拟机并选择安装位置

（7）为虚拟机指定处理器数量，这里我们将处理器数量和每个处理器的内核数量都设置为 2，然后单击"下一步"按钮，如图5-69 所示。

图5-69　"处理器配置"界面

（8）为虚拟机设置内存，选择 1GB 或者 2GB 都行，这里我们按照推荐选择 1GB，单击"下一步"按钮，如图5-70 所示。

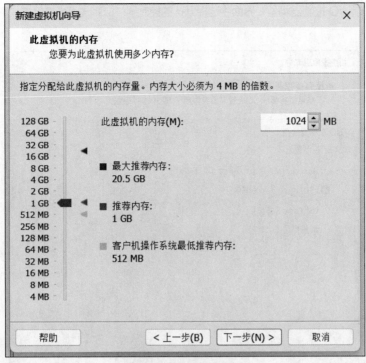

图 5-70　为虚拟机设置内存

（9）选择"使用网络地址转换（NAT）"选项，单击"下一步"按钮，如图 5-71 所示。

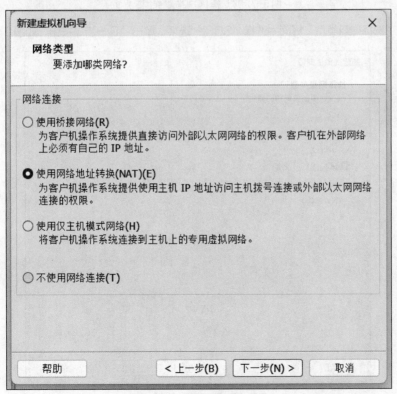

图 5-71　"网络类型"界面

（10）在"选择 I/O 控制器类型"界面中选择默认的控制器"LSI Logic"，单击"下一步"按钮，如图 5-72 所示。

图 5-72　"选择 I/O 控制器类型"界面

（11）在"选择磁盘类型"界面中选择"SCSI"选项，单击"下一步"按钮，如图 5-73 所示。

图 5-73　"选择磁盘类型"界面

（12）在"选择磁盘"界面中选择"创建新虚拟磁盘"选项，单击"下一步"按钮，如图 5-74 所示。

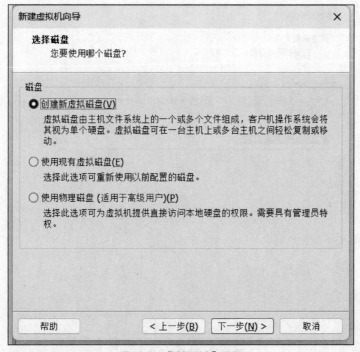

图 5-74 "选择磁盘"界面

（13）在"指定磁盘容量"界面中，"最大磁盘大小"建议设为 20GB，选择"将虚拟磁盘拆分成多个文件"选项，单击"下一步"选项，如图 5-75 所示。

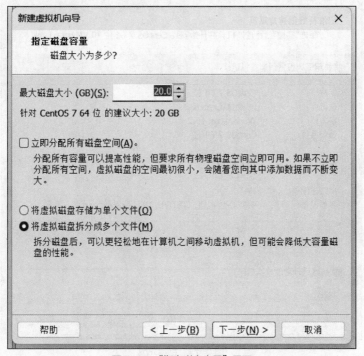

图 5-75 "指定磁盘容量"界面

（14）磁盘文件地址这里保持默认，单击"下一步"按钮，如图 5-76 所示。

图 5-76　设置磁盘文件地址

（15）完成创建，如图 5-77 所示。

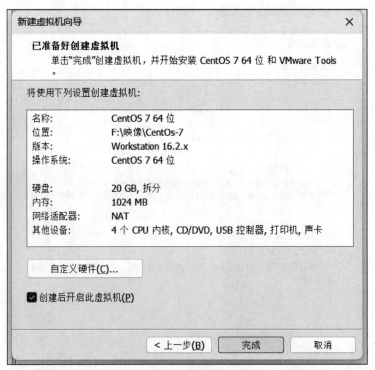

图 5-77　创建完成

（16）简易安装开始，等待安装结束，如图 5-78 所示。

图 5-78　等待安装结束

（17）安装成功，进入系统，如图 5-79 所示。

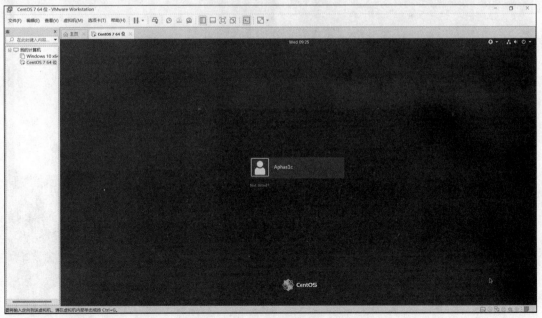

图 5-79　进入系统

（18）关掉开机窗口，开始界面，如图 5-80 所示。

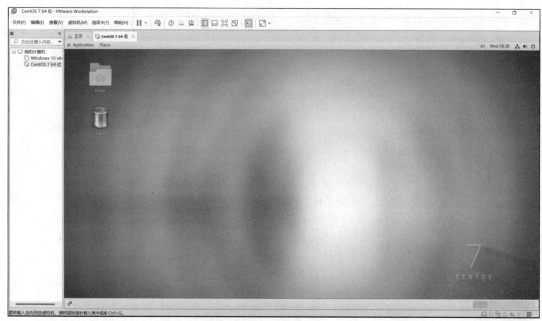

图5-80 开机界面

（19）单击右上角任务栏，单击设置按钮，如图5-81所示。

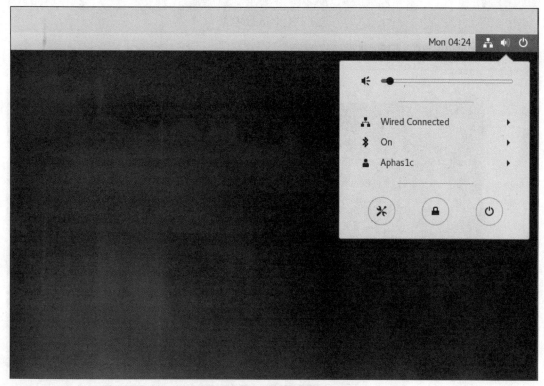

图5-81 单击设置按钮

（20）弹出的设置界面如图5-82所示。

图 5-82 设置界面

（21）将语言设置为汉语，设置为单击"done"按钮，如图 5-83 所示。

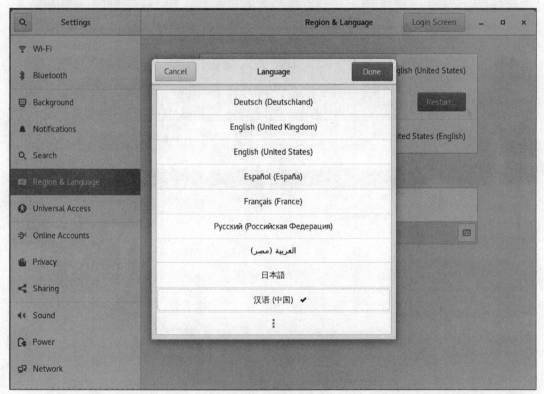

图 5-83 修改语言

（22）单击输入法下面的"+"，选择"Chinese(China)"，选择第一个选项，之后单击"Add"按钮，如图 5-84 和图 5-85 所示。

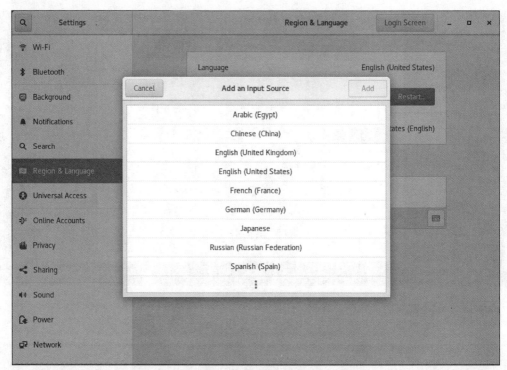

图 5-84　修改输入法 1

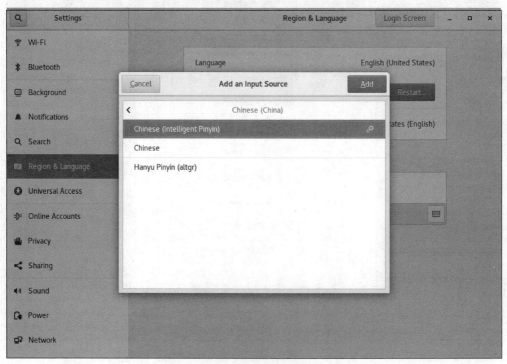

图 5-85　修改输入法 2

（23）单击"Restart"按钮，单击"Log Out"按钮重启系统，重新登录，如图 5-86 和图 5-87
所示。

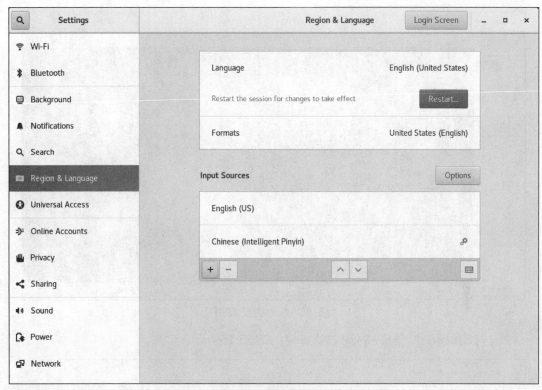

图 5-86　重启

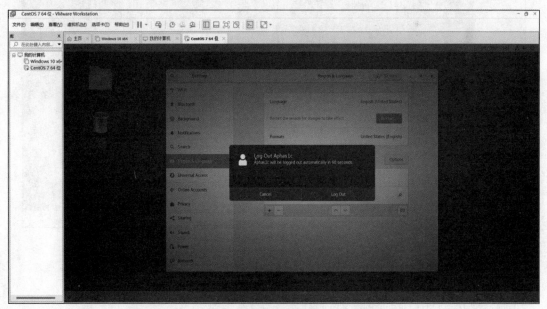

图 5-87　确认重启

（24）进入系统，此时界面文字已变成汉字，如图 5-88 所示。

图 5-88 界面文字变成汉字

（25）单击鼠标右键，选择"打开终端"命令，如图 5-89 所示。

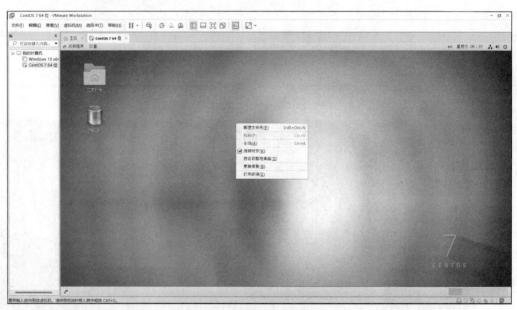

图 5-89 选择"打开终端"命令

（26）测试，如图 5-90 所示。

mkdir dir1：创建文件夹。

touch dir1/file1：在 dir1 下创建文件 file1。

ls –a：查看所有文件。

ls -a dir1：查看 dir1 下的所有文件。

su 回车 输入密码：以根账户登入。

exit：返回普通用户。

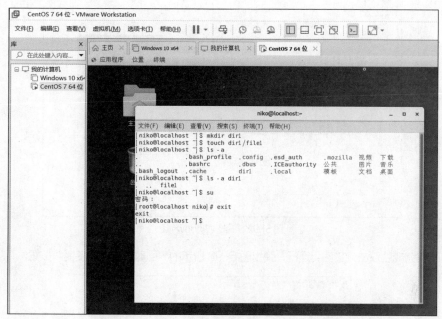

图 5-90　测试

（27）测试成功，安装完成。

## 实训 5.2　制作 Windows 10 操作系统的 U 盘启动盘

我们需要准备一个 8G 或以上的空 U 盘作为启动盘，需要注意的是，制作 U 盘会格式化 U 盘，U 盘内重要数据要事先备份好。为了保证计算机内的资料安全，安装系统前需要将计算机内所有磁盘的重要数据备份好。

（1）进入下载 Windows 10 系统的页面，如图 5-91 所示，网页地址如下：

https://www.microsoft.com/zh-cn/software-download/windows10/

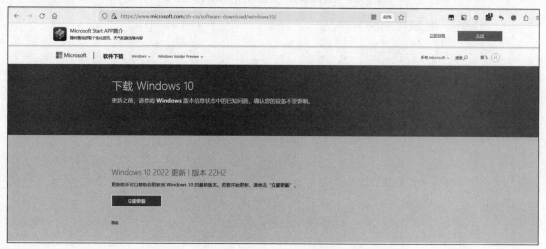

图 5-91　Windows 10 下载页面

（2）下拉到图 5-92 所示的页面，单击"立即下载工具"按钮。

图 5-92  下载 Windows10

（3）下载完成后双击该文件，运行，弹出图 5-93 所示的界面时，单击"接受"按钮。

图 5-93  Windows10 安装的适用声明和许可条款

（4）进入图 5-94 所示的准备界面。

图 5-94  准备界面

（5）稍等一下，弹出图5-95所示的界面时，选择"为另一台电脑创建安装介质(U盘、DVD或ISO文件)"选项，单击"下一步"按钮，如图5-95所示。

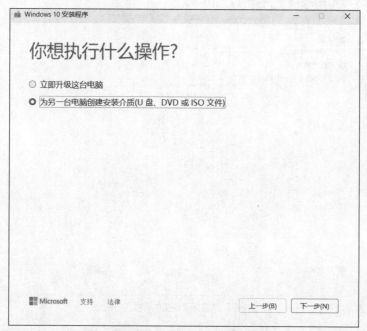

图5-95　为另一台电脑创建安装介质

（6）进入"选择语言、体系结构和版本"界面，如图5-96所示。

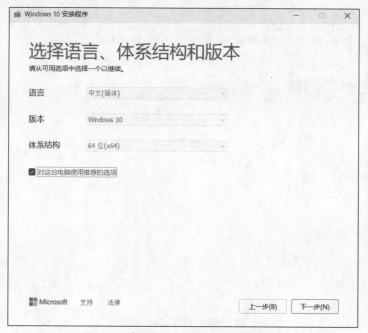

图5-96　"选择语言、体系结构和版本"界面

（7）选好之后，单击"下一步"按钮，进入下一个界面，选择U盘，单击"下一步"按钮，这个时候要保证计算机上是插着U盘的，不然就会显示找不到U盘，如图5-97所示。

图 5-97 "选择要使用的介质"界面

（8）弹出"选择 U 盘"界面，选择你的 U 盘，单击"下一步"按钮即可，如图 5-98 所示。

图 5-98 "选择 U 盘"界面

（9）耐心等待它下载完成即可，这个时间大家还是可以正常使用计算机的，等到弹出图 5-99 所示的界面，证明你的启动盘制作已经完成。

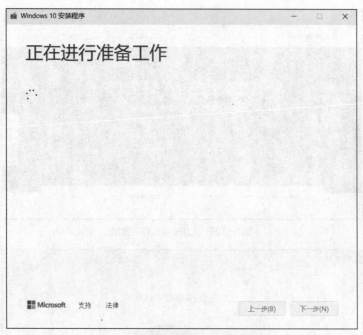

图 5-99　完成 U 盘配置

## 课后练习

（1）以下不属于系统软件的是（　　）。

　　A. 操作系统

　　B. 语言处理程序

　　C. 常用的例行服务程序

　　D. 下载软件

（2）在 Windows 中，实现"复制"功能的快捷键是（　　）。

　　A. Ctrl + C　　　　　　B. Ctrl + V　　　　　　C. Win + D　　　　　　D. Win + R

（3）实现"剪切"功能的快捷键是（　　）。

　　A. Ctrl + C　　　　　　B. Ctrl + X　　　　　　C. Win + D　　　　　　D. Win + R

（4）实现"粘贴"功能的快捷键是（　　）。

　　A. Ctrl + C　　　　　　B. Ctrl + V　　　　　　C. Win + D　　　　　　D. Win + R

（5）操作系统是一种（　　）。

　　A. 系统软件　　　　　　　　　　　　　　B. 系统硬件

　　C. 应用软件　　　　　　　　　　　　　　D. 支援软件

## 技能提升

　　在计算机中安装安全软件是非常有必要的，然而 Windows 系统自带的安全软件很多时候并不能让我们满意。此处向大家推荐火绒安全软件。接下来介绍使用火绒安全软件检测计算机的方法。

　　（1）打开火绒安全软件的官网，如图 5-100 所示，单击"免费下载"。

　　（2）安装完成后，打开火绒安全软件，其主界面如图 5-101 所示。

图 5-100　火绒安全软件的官网

图 5-101　火绒安全软件的主界面

（3）单击"病毒查杀"，然后单击"全盘查杀"，如图 5-102 所示。

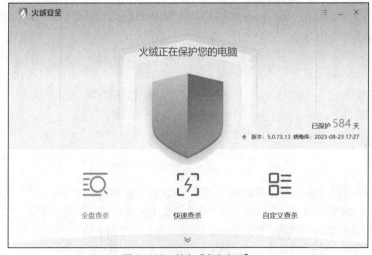

图 5-102　单击"全盘查杀"

（4）然后等待火绒安全软件给计算机"做体检"，如图 5-103 所示。

图 5-103　全盘查杀中

（5）发现风险项目后，单击"立即处理"即可，如图 5-104 所示。

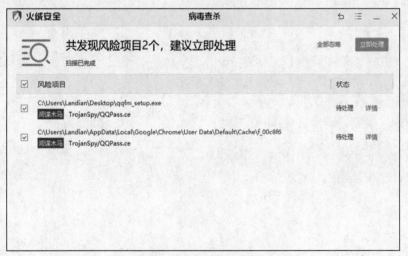

图 5-104　处理发现的风险项目

# 项目6
## 进行网络连接与安全设置

## 【情景导入】

计算机能够连接网络，进行各种联网活动，如搜索、追剧、聊天等。所以，学会自己进行网络连接对每一个计算机使用者来说是至关重要的。当然，我们在享受网络带来的便利同时，也需要小心谨慎，防止计算机陷入不安全的境地。

通过前面项目的学习，我们已经对计算机的硬件、计算机的组装、操作系统的安装等有了充分的了解。通过本项目的学习，我们将掌握网络连接与安全设置。

## 【学习目标】

### 【知识目标】
- 掌握计算机网络连接的基本硬件配置。
- 掌握接入 Internet 的方法。
- 了解计算机病毒的相关知识。
- 了解系统漏洞与黑客入侵的相关概念。

### 【技能目标】
- 掌握通过 PPPoE 宽带拨号上网的方法。
- 掌握通过路由器组建局域网的方法。
- 掌握常用安全防护软件的使用方法。

### 【素质目标】
- 提升动手能力。
- 培养团队合作意识。
- 培养危机意识。

## 【知识导览】

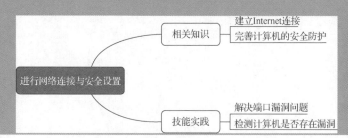

# 任务 26 建立 Internet 连接

在本任务中，我们将接触网络连接和安全设置的相关知识。

## 26.1 任务目标

通过本任务的学习，将了解如何进行 Internet 连接，并学会一些连接 Internet 的基本操作。

## 26.2 相关知识

### 26.2.1 上网的基本硬件配置

计算机上网时，通常需要一个调制解调器（Modem，也就是通常所说的"猫"），如图 6-1 所示，调制解调器用于将电话线中传输的模拟网络信号转换为计算机能识别的数字信号。

图 6-1 调制解调器

网络信号需要在线路中传递，可以使用电话线传递信号，也可以使用网线传递信号。图 6-2 所示为网络连接中常用的双绞线，俗称网线。其端部的接头俗称水晶头，直接插入计算机网卡（见图 6-3）接口即可使用。

图 6-2 双绞线

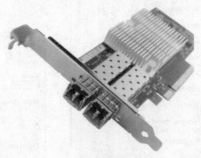

图 6-3 网卡

### 26.2.2 接入 Internet 的方法

目前，连入 Internet 的基本方法有拨号上网、ADSL 宽带上网、小区宽带上网、专线上网和无线上网 5 种，用户可以根据需要来选择。5 种上网方式的对比如表 6-1 所示。

表 6-1　常用的上网方式

| 方式 | 说明 | 特点 | 用途 |
|---|---|---|---|
| 拨号上网 | 使用调制解调器和电话线，以打电话的方式连接到 ISP（因特网服务提供方）的主机 | 操作方便、无须申请，数据传输效率比较低，拨号上网时不能打电话 | 目前应用较少，一般用在上网条件较差时临时上网 |
| ADSL 宽带上网 | ADSL 使用电话线、网卡和 ADSL 专用的调制解调器连接到 ISP 的主机 | 使用电话线中的高频区传送数据、速度快，与打电话互不干扰 | 曾经是用户上网的重要方式，现在已经基本淘汰 |
| 小区宽带上网 | 小区内以光纤和局域网形式综合布线，然后通过交换机分接到用户 | 可靠性高、稳定性好、计费形式灵活，可同时兼顾速度和质量两个指标 | 目前住宅小区内家庭用户上网的主要方式 |
| 专线上网 | 单位使用网线、服务器和计算机组成小型局域网后再接入 Internet，如校园网、政府办公网以及企业网等 | 局域网内部数据传输速度快，与外线连接时速度稍低 | 主要用于大型企事业团体内的计算机上网 |
| 无线上网 | 利用无线局域网，使用计算机和无线网卡上网 | 上网速度快，在机场、车站以及各种娱乐场所等安装了无线信号发射器的地方均可以上网 | 主要用于户外、公共场所以及不适合用有线接入网络的场所 |
| | 使用手机通过移动通信网上网 | 没有地域限制，只要手机有信号并开通无线上网业务即可 | |

## 26.3　任务实施

### 26.3.1　通过 PPPoE 宽带拨号上网

PPPoE 宽带拨号上网是目前主流的上网方式。下面介绍 PPPoE 上网设置方法。

（1）右键单击"开始"按钮，选择"网络连接"，如图 6-4 所示。

（2）选择"拨号"，再单击"设置新连接"，如图 6-5 所示。

图 6-4　选择"网络连接"

图 6-5　单击"设置新连接"

（3）选择"连接到 Internet"，如图 6-6 所示，单击"下一步"按钮。

图 6-6　选择"连接到 Internet"

（4）选择"宽带(PPPoE)"，如图 6-7 所示。

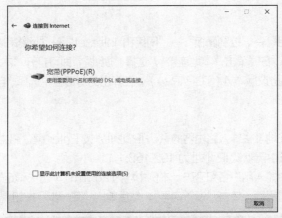

图 6-7　选择"宽带(PPPoE)"

（5）在图 6-8 所示的界面中按提示输入信息后单击"连接"按钮即可。

图 6-8　输入 ISP 提供的信息

### 26.3.2 通过路由器组建局域网

目前路由器有两种，一种是传统的路由器，另一种是智能路由器。下面分别以"TP-LINK 54M"这款传统宽带路由器和"极路由2"这款智能路由器为例介绍如何利用路由器组建局域网。

**1. 传统路由器的安装**

首先连接硬件。传统路由器的背部如图6-9所示，一般有1个WAN（Wide Area Network，广域网）口和4个LAN（Local Area Network，局域网）口（不同的路由器LAN口的个数不同）。WAN口通过网线连接到外网，即ADSL宽带或小区宽带等；LAN口通过网线连接需要组网的设备，包括有线设备和无线设备。有线设备指没有安装无线网卡的设备，需要使用网线连接到路由器的LAN口，然后对计算机和路由器进行设置，即可连接上网。而无线设备是指安装了无线网卡的笔记本电脑、手机、平板电脑等设备，可无线连接到路由器。

图6-9 传统路由器的背部

**2. 设置计算机**

（1）依次单击"开始"→"控制面板"→"网络和 Internet"→"网络和共享中心"→"更改适配器设置"→"本地连接"，右键单击"本地连接"，选择"属性"，即可打开"本地连接属性"对话框。

（2）双击"Internet协议版本4（TCP/IPv4）"，在弹出的对话框中选择"自动获得IP地址"和"自动获得DNS服务器地址"。

**3. 设置路由器**

（1）打开浏览器，在地址栏输入路由器的默认IP地址，按Enter键。路由器默认IP地址在说明书中可以找到，本例中的路由器默认IP地址为192.168.1.1。

（2）在弹出的窗口中输入用户名和密码，本例中均为admin，单击"确定"按钮。

（3）进入路由器设置界面，单击"设置向导"，然后单击"下一步"按钮，如图6-10所示。

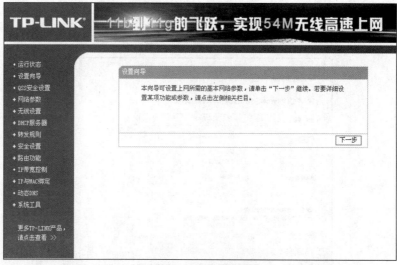

图6-10 路由器设置界面

（4）选择上网方式，单击"下一步"按钮，如图 6-11 所示。常见上网方式主要分为 3 种，用户可以根据具体情况进行选择。如果选择"PPPoE"，则需要输入 ADSL 的上网账号和口令；如果选择"动态 IP"，则不需要进行任何设置；如果选择"静态 IP"，则需要填入网络服务商提供的基本网络参数，如 IP 地址、子网掩码、网关和 DNS 服务器等。如果不清楚使用何种上网方式，可以选择"让路由器自动选择上网方式"。

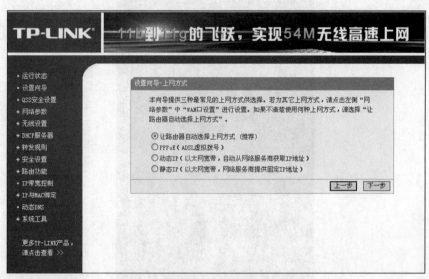

图 6-11　选择上网方式

（5）设置无线网络参数，单击"下一步"按钮，如图 6-12 所示。"SSID"为无线网络名称，可以保持默认值。但是为了便于识别自己的路由器，建议改为自己熟悉的名称。"PSK 密码"为无线网络连接密码，可以是数字和字母的组合，英文字母区分大小写。

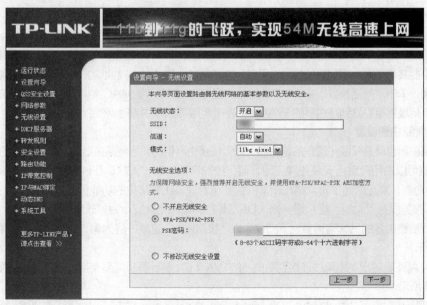

图 6-12　设置无线网络参数

（6）设置完成后单击"重启"，路由器重启后设置生效。

**4．无线网络连接**

（1）单击计算机桌面右下角的无线信号图标，在弹出的网络列表中选择要连接的无线网络，如图6-13所示。单击"连接"按钮。

图6-13　网络列表

（2）在弹出的"连接到网络"对话框中，输入网络安全密钥，即在设置路由器阶段设置的PSK密码，单击"确定"按钮。

（3）当显示"已连接"时，表示计算机已成功加入无线网络。

完成以上设置后，有些用户会发现计算机根本上不了网，这可能是MAC（Medium Access Control，介质访问控制）地址不匹配引起的。有些宽带服务提供商对计算机的网卡MAC地址进行了绑定，局域网计算机不能共享上网。遇到这种情况，可使用路由器的克隆MAC地址功能来实现多机共享。在路由器设置界面，单击"网络参数"→"MAC地址克隆"，单击"克隆MAC地址"按钮，将当前计算机的网卡MAC地址直接克隆到路由器的WAN端口，即可实现多机共享上网。

**5．智能路由器设置**

智能路由器也就是智能化管理的路由器。同传统路由器相比，智能路由器通常具有独立的操作系统。智能路由器可以由用户自行安装各种应用，自行控制带宽、在线人数、在线时间等，同时拥有强大的USB共享功能，真正做到了对网络和设备的智能化管理。比较常见的功能包括支持QoS（Quality of Service，服务质量）功能、虚拟服务器、DMZ（Demilitarized Zone，非军事区）主机、远程Web管理等。智能路由器的品牌有很多，下面我们以"极路由2"这款产品为例，介绍如何用智能路由器来组建局域网。

（1）从ADSL输出端用网线连接到路由器的WAN口，将计算机或是交换机通过网线连接LAN口，如图6-14所示。

（2）打开浏览器，在地址栏输入192.168.199.1或hiwifi.com并按Enter键。在图6-15所示的界面中输入路由器密码，登录路由器后台（默认密码为admin，如更改过，输入更改后的密码即可）。

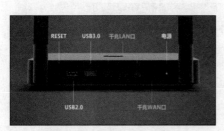

图 6-14　"极路由 2"接口

图 6-15　路由器登录界面

（3）进入路由器主界面，如图 6-16 所示。单击"互联网"可以设置路由器连接外网的方式。

图 6-16　路由器主界面

（4）根据自己的网络情况选择上网方式，图 6-17 所示为宽带拨号上网。

图 6-17　设置宽带拨号

（5）单击"Wi-Fi"，如图 6-18 所示，对无线 Wi-Fi 进行设置。现在的大部分路由器都支持 802.11ac 协议。首先要选择使用 2.4G Wi-Fi 还是 5G Wi-Fi，然后打开无线网络开关，输入 Wi-Fi 名称，设置安全类型、密码后单击"保存"按钮。

图 6-18　无线 Wi-Fi 设置

（6）进行"网络诊断"可以查看路由器的连接情况，如图 6-19 所示。

图 6-19　查看路由器的连接情况

（7）智能路由器可以安装各种插件，如图 6-20 所示。回到路由器主界面单击"智能插件"，根据需要选择适合的插件即可实现相应功能。

图 6-20　智能路由器插件

（8）可以通过手机远程控制家里的智能路由器，图 6-21 所示为极路由手机客户端的界面。

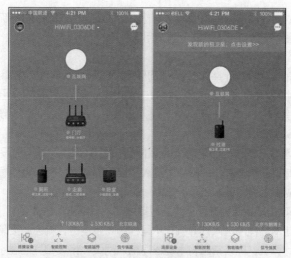

图 6-21　极路由手机客户端的界面

## 任务 27　完善计算机的安全防护

### 27.1　任务目标

通过学习本任务，了解计算机安全防护的相关知识，学会修复系统漏洞和查杀病毒。

### 27.2　相关知识

#### 27.2.1　计算机病毒的简介

计算机病毒是一种程序或一段可执行代码。计算机病毒有独特的复制能力，可以很快蔓延，又常常难以根除。它们能附着在各种类型的文件上，当文件被复制或从一个用户传送到另一个用户时，它们就随同文件一起蔓延开来。

计算机病毒有如下特点。

● 寄生性。计算机病毒寄生在其他程序之中，当执行相应程序时，病毒就起破坏作用，而在未启动相应程序之前，它是不易被人发觉的。

● 传染性。计算机病毒不但本身具有破坏性，更有害的是其具有传染性，一旦病毒被复制或产生变种，其传播速度之快常令人难以预防。

● 潜伏性。有些计算机病毒像定时炸弹一样，预先设计好病毒发作时间。例如，"黑色星期五"病毒不到预定时间人们难以觉察，等到条件具备的时候一下子就爆发开来，对系统进行破坏。

● 隐蔽性。计算机病毒具有很强的隐蔽性，有的可以被杀毒软件检查出来，有的根本就检查不出来；有的时隐时现、变化无常……这类计算机病毒处理起来通常很困难。

#### 27.2.2　系统漏洞与黑客入侵的相关概念

**1. 系统漏洞**

系统漏洞是指应用软件或操作系统软件在逻辑设计上的缺陷或错误，常被不法者利用，通过网络植入木马、病毒等方式来攻击或控制整个计算机，窃取计算机中的重要资料和信息，甚至破坏系统。在不

**163**

同种类的软、硬件设备，同种设备的不同版本之间，由不同设备构成的不同系统之间，以及同种系统在不同的设置条件下，都会存在各自不同的安全漏洞问题。

**2. 黑客入侵**

黑客（Hacker）是指具有较高计算机水平，以研究和探索操作系统、软件编程、网络技术为兴趣，并时常对操作系统或其他网络发动非法攻击的人。其攻击方式多种多样，下面将介绍几种常见的攻击方式。

- 系统入侵攻击。黑客的主要攻击手段之一是入侵系统，其目的是取得系统的控制权。系统入侵攻击一般有两种方式：口令攻击和漏洞攻击。

- 网页欺骗。有的黑客会制作与正常网页相似的假网页，如果用户访问时没有注意，就会被其欺骗。特别是网上交易网站，如果在黑客制作的网页中输入了自己的账号、密码等信息，在提交后就会发送给黑客，这将会给用户造成很大的损失。

- 木马攻击。木马攻击是指黑客在网络中通过散发的木马病毒攻击计算机，如果用户计算机的安全防范能力比较弱，就会让木马程序进入计算机。木马程序一旦运行，就会连接黑客所在的服务器端，黑客就可以轻易控制相应计算机。黑客常常将木马程序植入网页，将其和其他程序捆绑在一起或伪装成电子邮件附件等。

- 拒绝服务攻击。拒绝服务攻击是指使网络中正在使用的计算机或服务器停止响应。这种攻击行为通过发送一定数量和序列的报文，使网络服务器中充斥大量要求回复的信息，消耗网络带宽或系统资源，导致网络或系统不堪重负直至瘫痪，从而停止正常的网络服务。

- 后门攻击。后门程序是程序员为了便于测试、更改模块的功能而留下的程序入口。一般在软件开发完成时，程序员应该关掉这些后门，但有时由于程序员的疏忽或其他原因，软件中的后门并未关闭。如果这些后门被黑客利用，就可轻易地对系统进行攻击。

### 27.2.3  常用安全防护软件的介绍

360系列软件、诺顿、瑞星、金山毒霸、木马克星、卡巴斯基、江民等都是不错的杀毒软件，它们大多可以同时查杀多种病毒，而且还具有防火墙功能，可以截断病毒进出计算机的通路。

### 27.3  任务实施

下面介绍使用360安全卫士修复系统漏洞，并查杀木马。

（1）打开360安全卫士，如图6-22所示。

图6-22  360安全卫士

（2）单击"系统·驱动"，选择"漏洞修复"，如图 6-23 所示。

图 6-23　选择"漏洞修复"

（3）等待扫描完成，根据提示修复漏洞即可。

（4）单击"木马查杀"，选择"全盘查杀"。

（5）等待查杀完成并按照提示操作即可。

## 实训 6.1　解决端口漏洞问题

端口是计算机与外界通信交流的出口。联网的计算机间要相互通信就必须具有同一种协议，端口就是为协议打开的通道。其中硬件领域的端口又称接口，软件领域的端口一般指网络中面向连接服务和无连接服务的通信协议端口，是一种抽象的软件结构。在网络安全威胁中，病毒侵入、黑客攻击、软件漏洞、后门以及恶意网站设置的陷阱都与端口密切相关。入侵者常常通过各种手段对目标主机进行端口扫描，进而得知目标主机提供的服务，并就此推断系统可能存在的漏洞，利用这些漏洞进行攻击。因此了解端口，管理好端口是保证网络安全的重要方法。

139 端口属于 TCP，可以提供共享服务。其常常被攻击者所利用进行攻击，比如使用流光、SuperScan 等端口扫描工具可以扫描目标计算机的 139 端口。如果发现有漏洞，可以试图获取用户名和密码，这是非常危险的。下面以 139 端口为例，演示解决端口漏洞的方法。

（1）进入"Windows Defender 防火墙"窗口，单击左侧的"高级设置"，如图 6-24 所示。

图 6-24　"Windows Defender 防火墙"窗口

（2）单击"入站规则"，再单击右栏的"新建规则…"，如图6-25所示。

图6-25　单击"新建规则…"

（3）设置规则类型为"端口类型"，单击"下一页"按钮，如图6-26所示。

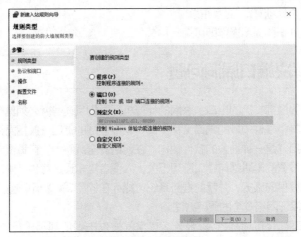

图6-26　规则类型

（4）设置该规则应用的协议和端口号，单击"下一页"按钮，如图6-27所示。

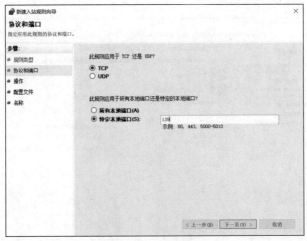

图6-27　协议和端口

（5）设置规则对端口要做什么操作，单击"下一页"按钮，如图 6-28 所示。

图 6-28 操作

（6）根据需要选择何时应用该规则，单击"下一页"按钮，如图 6-29 所示。

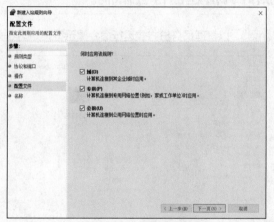

图 6-29 配置文件

（7）给该规则命名，方便后续查找和管理，然后单击"完成"按钮，如图 6-30 所示。

图 6-30 名称

（8）查看入站规则，检验规则是否创建成功以及是否已启用，如图 6-31 所示。

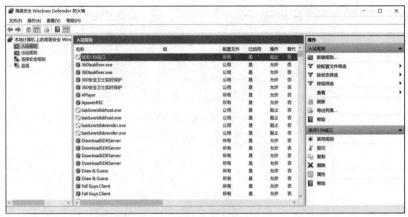

图6-31 查看入站规则

## 实训 6.2 检测计算机是否存在漏洞

（1）在搜索栏输入"cmd"，以管理员身份方式运行命令提示符，如图6-32所示。

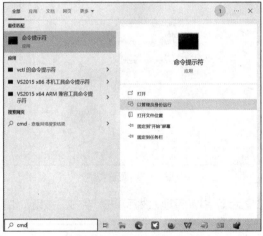

图6-32 运行命令提示符

（2）输入"sfc/scannow"命令，检测系统是否存在安全问题，如图6-33所示。

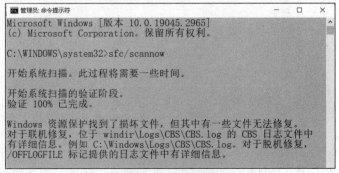

图6-33 扫描系统

（3）使用"DISM /Online/Cleanup-Image /ScarHealth"命令检测系统映像文件其他组件（注意 DISM 后有一个空格），可以很清楚地看到计算机存在问题和漏洞，可以有针对性地解决。映像文件扫描结果如图 6-34 所示。

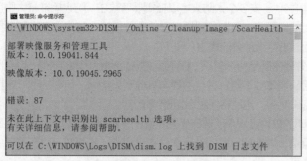

图 6-34　映像文件扫描结果

## 课后练习

（1）上网的硬件配置包括（　　　）。
　　A. 调制解调器　　　　B. 双绞线　　　　　　C. 网卡接口　　　　　D. 以上都是
（2）以下哪种不是计算机病毒的特性（　　　）。
　　A. 寄生性　　　　　　B. 传染性　　　　　　C. 有害性　　　　　　D. 潜伏性
（3）在 PPPoE 宽带拨号上网时，需要键入（　　　）提供的信息。
　　A. IAP　　　　　　　B. ISP　　　　　　　C. SPI　　　　　　　D. CHINANET
（4）以下关于黑客入侵的叙述，错误的是（　　　）。
　　A. 黑客的主要攻击手段之一是入侵系统，其目的是取得系统的控制权。
　　B. 拒绝服务攻击通过发送一定数量和序列的报文，使网络服务器中充斥了大量要求回复的信息，消耗网络带宽或系统资源，导致网络或系统不堪重负直至瘫痪。
　　C. 后门程序是程序员为了便于测试、更改模块的功能而留下的程序入口。
　　D. 系统入侵攻击就是漏洞攻击。
（5）以下关于计算机病毒描述错误的是（　　　）。
　　A. 计算机病毒是一组程序
　　B. 计算机病毒可以传染给人
　　C. 计算机病毒可以通过网络传播
　　D. 计算机病毒可以通过电子邮件传播
（6）以下关于计算机病毒描述错误的是（　　　）。
　　A. 计算机病毒是一组程序
　　B. 计算机病毒可以传染给人
　　C. 计算机病毒可以通过网络传播
　　D. 计算机病毒可以通过电子邮件传播

## 技能提升

计算机所受到的安全攻击多种多样，所以应该尽可能地提高计算机的安全防御水平。以下是一些常用的个人计算机安全防御知识。

- 杀毒软件不可少：对一般用户而言，首先要做的就是为计算机安装一套正版的杀毒软件。应当安装杀毒软件的实时监控程序，定期升级所安装的杀毒软件，给操作系统打相应补丁，升级引擎、病毒定义码。

- 个人防火墙不可替代：安装个人防火墙以抵御黑客攻击。防火墙能最大限度地阻止网络中的黑客访问自己的网络，防止他们更改、复制、毁坏自己的重要信息。防火墙在安装后要根据需求进行详细配置，合理设置防火墙后能防范大部分的蠕虫入侵。

- 分类设置密码并使密码尽可能复杂：在不同的场合使用不同的密码，以免因一个密码泄露导致所有资料外泄。重要的密码要单独设置，并且不要与其他密码相同。可能的话，定期地修改自己的密码，这样可以确保即使原密码泄露，也能将损失尽可能减小。

- 不下载来路不明的软件及程序：选择信誉较好的下载网站下载软件，将下载的软件及程序集中放在非引导分区的某个目录，再使用可靠的杀毒软件查杀病毒。不要打开来历不明的电子邮件及其附件，以免遭受病毒邮件的侵害。

- 警惕"网络钓鱼"："网络钓鱼"的手段包括建立假冒网站或发送含有欺诈信息的电子邮件，盗取网上银行、网上证券、其他电子商务用户的账户密码等，从而达到窃取用户资金等目的，遇到这种情况用户需要认真进行判别。

- 防范间谍软件：防范间谍软件通常有 3 种方法，一是把浏览器调到较高的安全等级，二是在计算机上安装防间谍软件的应用程序，三是对将要在计算机上安装的共享软件进行甄别。

- 不要浏览黑客网站和非法网站：许多病毒和木马都来自黑客网站和非法网站，一旦连接到这些网站，而计算机恰巧又没有缜密的防范措施，十有八九会"中招"。

- 定期备份重要数据：无论防范措施做得多么严密，也无法完全确保没有问题出现。如果遭到致命的攻击，操作系统和应用软件可以重装，但重要的数据就只能靠日常的备份。

# 项目7
# 优化计算机与保护系统数据

**07**

## 【情景导入】

很多时候，我们在使用计算机时都希望开机速度快一些，打开网页所耗时间短一些。我们也常常把一些信息存入计算机，或是需要查看计算机内原有的一些数据，如 QQ 聊天记录等。那我们是否思考过有什么简单、实用的方法可以满足上述我们在使用计算机时的小小需求呢？

本项目讲解优化计算机与保护系统数据的基本知识，主要包括优化计算机的基本方法与实用软件、备份与还原系统、备份与还原文件，使用 EasyRecovery 还原数据。

## 【学习目标】

### 【知识目标】
- 掌握计算机的优化方法。
- 掌握系统的备份与还原。
- 掌握文件的备份与还原。

### 【技能目标】
- 掌握 Windows 优化大师软件的使用方法。
- 掌握使用 EasyRecovery 还原数据的方法。
- 掌握备份与还原注册表的方法。
- 掌握使用 DiskGenius 修复硬盘的主引导记录扇区的方法。

### 【素质目标】
- 加强爱国主义教育、弘扬爱国精神与工匠精神。
- 培养自我学习的能力和习惯。
- 树立团队互助、进取合作意识。

## 【知识导览】

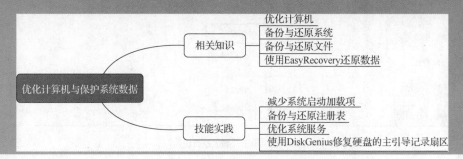

## 任务 28　优化计算机

### 28.1　任务目标

通过优化计算机的操作来提升计算机的运行速度，从而提高操作计算机的效率。

### 28.2　相关知识

#### 28.2.1　优化开机启动项目

在计算机中安装应用程序或系统组件后，部分程序会在系统启动时自动运行，这将影响系统的开机速度，用户可以关闭不必要的启动项目来提升运行速度。

具体操作请参考实训 7.1。

图 7-1　选择"属性"命令

#### 28.2.2　虚拟内存

虚拟内存是系统在硬盘上开辟的一块存储空间，用于在 CPU 与内存之间快速交换数据。当运行大型程序时，用户可以通过设置虚拟内存来提高程序的运行效率。

操作步骤如下。

（1）在桌面上的"此电脑"图标上单击鼠标右键，在弹出的菜单中选择"属性"命令，如图 7-1 所示。

（2）在打开的窗口中单击"高级系统设置"，如图 7-2 所示。

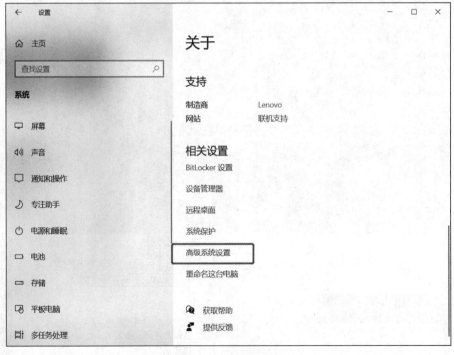

图 7-2　单击"高级系统设置"

（3）打开"系统属性"对话框，切换到"高级"选项卡，单击"性能"中的"设置"按钮，如图 7-3 所示。

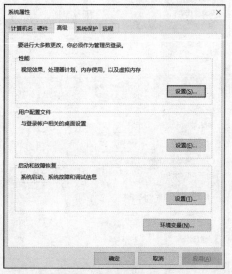

图 7-3 "系统属性"对话框

（4）在"性能选项"对话框中切换到"高级"选项卡，然后单击"更改"按钮，如图 7-4 所示。

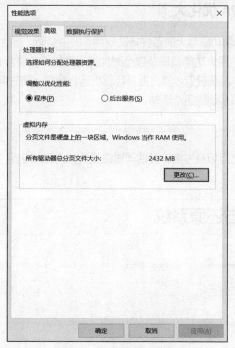

图 7-4 "性能选项"对话框

（5）在"虚拟内存"对话框中取消勾选"自动管理所有驱动器的分页文件大小"复选框，在"驱动器"列表中选择设置虚拟内存的磁盘分区。选中"自定义大小"选项，按照图 7-5 所示设置虚拟内存大小，然后单击"设置"按钮。

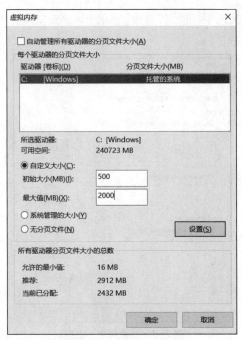

图 7-5　设置虚拟内存大小

### 28.2.3　Windows 优化大师

Windows 优化大师是一款功能强大的系统辅助软件，提供全面、有效、简便、安全的系统检测、系统优化、系统清理、系统维护四大功能模块及数个附加的工具软件，能够有效地帮助用户了解自己计算机的软、硬件信息，简化操作系统设置步骤，提升计算机运行效率，清理系统运行时产生的"垃圾"，修复系统故障及安全漏洞，维护系统的正常运转。

## 28.3　任务实施

以小组为单位，确定优化目标及方案，尝试通过设置虚拟内存和使用 Windows 优化大师来优化计算机，并讨论两种方法的不同之处。

## 任务 29　备份与还原系统

### 29.1　任务目标

本任务的目标是备份与还原系统。

### 29.2　相关知识

#### 29.2.1　创建系统映像

创建系统映像与备份文件不同，备份文件是指备份系统关键的程序和文件，而系统映像是指把整个计算机上能运行的程序和全部文件都进行备份。如用户将一些应用软件和大型游戏安装到 D 盘，那么这些相关文件都会被备份。因此，创建系统映像所需的空间相当大。

在"备份和还原文件"对话框中，单击"创建系统映像"，系统会自动检测可用于创建备份的硬盘分区（不包含系统盘和 USB 存储设备），接着会弹出"你想在何处保存备份？"界面，如图 7-6 所示，可以在此设置创建备份镜像到硬盘、光盘介质或网络中的其他计算机中。如果选择"在硬盘上"创建系统映像，单击"下一步"按钮，对要在备份中包含的分区进行选择，选定后单击"下一步"按钮，将出现图 7-7 所示的界面，在此可在开始创建系统映像前对选择进行最后确认，然后单击"开始备份"按钮。从图 7-7 中可以看出，系统映像所占空间很大，压缩率较低。

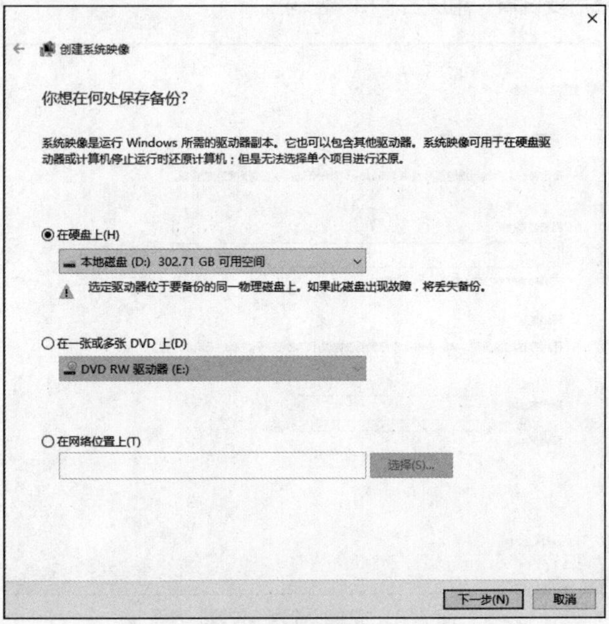

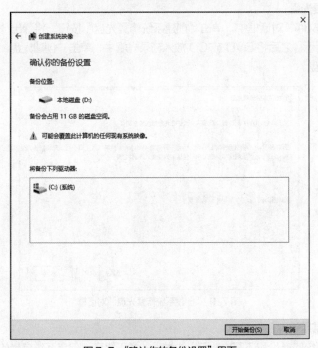

图 7-6 "你想在何处保存备份？"界面

图 7-7 "确认你的备份设置"界面

在系统映像创建完成后，会跳出一个对话框提示创建系统修复光盘，系统修复光盘可以在系统无法启动时从光盘引导进行系统修复。光盘中包含 Windows 系统恢复工具，可以将 Windows 从严重错误中恢复过来或者从系统映像对计算机进行重新镜像，建议创建。

在光盘上创建系统映像与在硬盘上的操作方式大致相同，需要在刻录光驱中放入光盘，系统会自动将备份刻录到光盘中。如备份过大，需要更换光盘，系统将进行提示。在网络上创建系统映像，需要先进行网络路径的选择，选择"在网络位置上"后单击"选择"按钮，将出现图 7-8 所示的界面。首先需要选择"网络位置"，然后要设置"用户名"和"密码"。

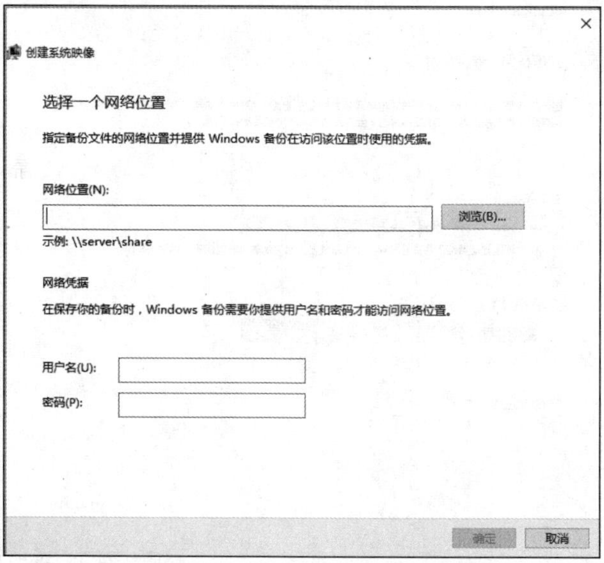

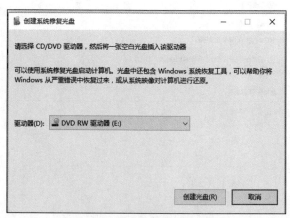

图 7-8 "选择一个网络位置"界面

### 1. 创建系统修复光盘

在"备份和还原文件"对话框中，单击"创建系统修复光盘"按钮，将弹出"创建系统修复光盘"对话框，如图 7-9 所示。之后将 DVD 或 CD 放入刻录光驱中，单击"创建光盘"按钮，系统就会自动创建一张系统修复光盘。

图 7-9 "创建系统修复光盘"对话框

### 2. 备份和还原常用软件

Windows 10 系统的备份和还原功能可以说做得非常不错了，但是系统自带的备份和还原功能存在速度慢、操作不灵活、压缩率低等方面的欠缺。因此，很多用户更青睐专业的备份和还原软件。目前市场上的备份和还原软件主要有 Norton Ghost、一键还原精灵等。

Norton Ghost 是著名的硬盘备份工具。它可以将一块硬盘上的数据备份到另一块硬盘上，也可将硬盘一个分区的数据备份到另一个分区，以便以后进行恢复。使用 Norton Ghost，可以将刚安装的 Windows 及硬件驱动程序、常用小工具作为一个"最小系统"进行备份，以后在系统需要重新安装时恢复这个最小系统即可。Norton Ghost 不但有硬盘到硬盘的"克隆"功能，还附带硬盘分区、硬盘备份、系统安装、网络安装、升级系统等功能，能快速进行硬盘数据恢复。

一键还原精灵是一款"傻瓜式"的系统备份和还原工具。它具有安全、快速、保密性强、压缩率高、兼容性好等特点，特别适合新手和担心操作麻烦的人使用。

## 29.2.2  还原系统

系统还原功能可以跟踪并更正对计算机进行的有害更改，增强操作系统的可靠性。例如，用户添加了新的硬件，安装了从网上下载的软件或者更改了系统注册表，使得系统无法正常运行，无论是卸载已安装的程序还是重新启动计算机都无济于事，这时就可以使用系统还原功能。下面我们来讲解系统还原的过程。

（1）在"系统属性"对话框的"系统保护"选项卡中，单击"系统还原"按钮，如图 7-10 所示。或者在"系统备份"对话框中，单击"恢复系统设置或计算机"→"打开系统还原"，出现"还原系统文件和设置"界面，如图 7-11 所示。

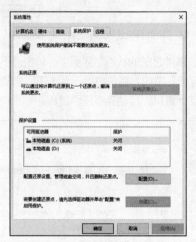

图 7-10  "系统保护"选项卡

图 7-11  "还原系统文件和设置"界面

（2）在"还原系统文件和设置"界面中，单击"下一步"按钮，出现"将计算机还原到所选事件之前的状态"界面，如图 7-12 所示。Windows 10 的系统还原功能有一个很大的改进，就是可以扫描每个还原点所影响的程序。当选中某个还原点后，单击"扫描受影响的程序"按钮，稍等片刻即可得到详细的报告。

图 7-12　"将计算机还原到所选事件之前的状态"界面

（3）在"将计算机还原到所选事件之前的状态"界面中，单击"下一步"按钮，出现"确认还原点"界面，如图 7-13 所示。单击"完成"按钮，系统将提示系统还原启动后不能中断，询问用户是否继续。单击"是"按钮，系统将重新启动计算机，自动完成还原过程。

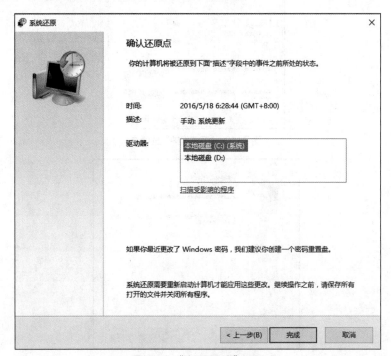

图 7-13　"确认还原点"界面

## 29.3  任务实施

以小组为单位，通过上网查找资料、询问老师等方法，了解其他还原软件及还原方法，并以课堂汇报的形式展示合作学习成果。

# 任务 30  备份与还原文件

## 30.1  任务目标

Windows 10 的控制面板中有"备份和还原"功能，几乎所有的数据备份和恢复工作都可以在此完成。单击"开始"→"Windows 系统"文件夹→"控制面板"→"系统和安全"→"备份和还原 (Windows 7)"，即可打开"备份和还原(Windows 7)"窗口，如图 7-14 所示。备份和还原的相关功能主要有四大部分：备份文件、还原文件、创建系统还原点和系统还原。建议用户把所有的必需软件都装好后创建一个系统还原点，在安装未知兼容情况的软件前也创建还原点，并定期对重要的数据文件进行备份。此外，Windows 10 可以创建系统映像和系统恢复光盘。

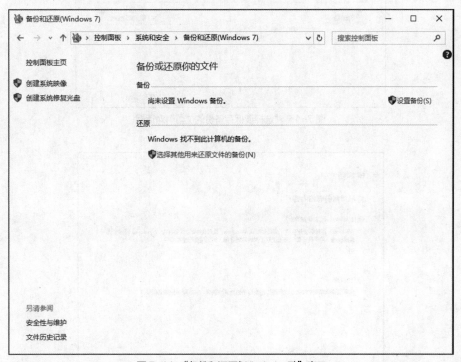

图 7-14  "备份和还原(Windows 7)"窗口

## 30.2  相关知识

### 30.2.1  备份文件

用户可以对计算机文件夹、文件、应用程序等手动进行备份，也可以指定时间进行自动备份。

下面通过将 C 盘的文件备份到 D 盘来介绍备份文件的过程。

（1）单击"设置备份"，弹出"选择要保存备份的位置"对话框，如图 7-15 所示。在"备份目标"中选择 D 盘，双击，弹出图 7-16 所示对话框。我们可以让 Windows 自动选择备份内容，Windows 将备份保存在库、桌面和默认 Windows 文件夹中的数据文件；也可以自行选择，根据需要选择需要备份的库和文件夹，以及是否在备份中包含系统映像。

图 7-15　"选择要保存备份的位置"对话框

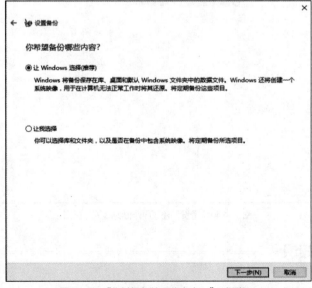

图 7-16　"你希望备份哪些内容？"对话框 1

（2）如果要自行选择备份文件，选项"让我选择"，弹出图 7-17 所示对话框，用户可以勾选希望备份的文件和文件夹。

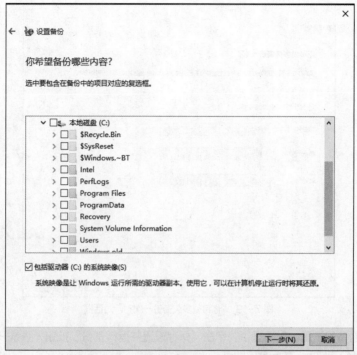

图 7-17　"你希望备份哪些内容？"对话框 2

（3）单击"下一步"按钮，弹出图 7-18 所示对话框。用户可以检查并确认备份设置，还可以修改备份计划。单击"更改计划"，弹出图 7-19 所示对话框，用户可以选择备份的频率和时间等。

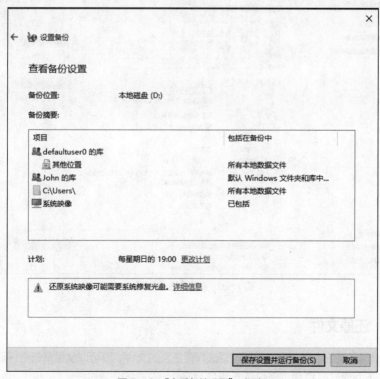

图 7-18　"查看备份设置"对话框

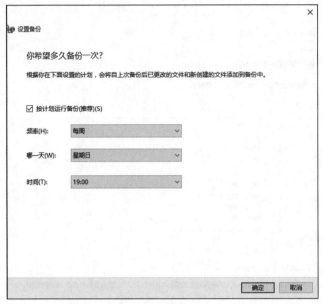

图 7-19 "你希望多久备份一次?"对话框

（4）在"查看备份设置"对话框中，单击"保存设置并运行备份"按钮，系统开始进行备份，如图 7-20 所示。备份完成后，关闭窗口即可。

图 7-20 系统开始进行备份

## 30.2.2 还原文件

在 Windows 10 系统中用户可以根据需要选择要还原的文件，既可以从最新备份还原，也可以从较早的备份还原。下面通过将 D 盘的备份还原到 C 盘来介绍文件的还原过程。

（1）单击"还原我的文件"按钮，弹出"浏览或搜索要还原的文件和文件夹的备份"对话框，如图 7-21 所示。单击"选择其他日期"，用户可以根据备份的日期和时间，选择从最近备份还原，或选择从较旧备份还原。然后单击"浏览文件夹"或"浏览文件"按钮，即可从备份文件中选择需要还原的文件夹或文件，所选文件夹或文件将被列出。

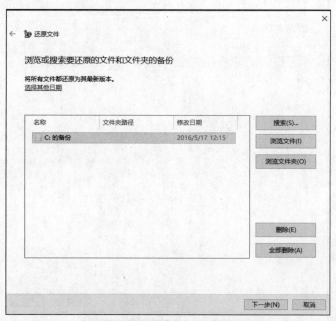

图 7-21 "浏览或搜索要还原的文件和文件夹的备份"对话框

（2）单击"下一步"按钮，在"你想在何处还原文件？"对话框中选择还原文件的位置，如图 7-22 所示。

图 7-22 "你想在何处还原文件？"对话框

（3）用户可以在原始位置还原文件，也可以自行指定还原的位置。设置完成后，单击"还原"按钮，系统开始进行还原，如图7-23所示。还原完成后，关闭对话框即可。

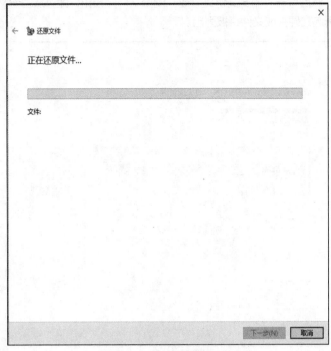

图7-23　系统开始进行还原

## 30.3　任务实施

以班级为单位，组织"备份与还原"小能手比赛，评选成功备份与还原指定路径下的指定文件最快的同学，以此激发学生实操的兴趣。

## 任务 31　使用 EasyRecovery 还原数据

### 31.1　任务目标

EasyRecovery 是一款很强大的数据恢复软件，可以恢复用户删除或者磁盘格式化后的数据。该软件操作简单，用户只需要按照它的向导操作即可完成数据恢复。

### 31.2　相关知识

#### 31.2.1　恢复被删除的文件

用户删除并清空回收站的文件，可以使用 EasyRecovery 恢复和还原，操作步骤如下。

（1）下载并安装 EasyRecovery 软件，如图7-24所示。

（2）打开 EasyRecovery 软件，弹出 EasyRecovery 主界面，在左侧单击"数据恢复"，如图7-25所示。

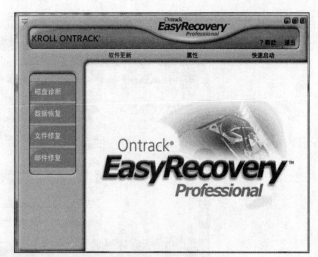

图 7-24 下载并安装 EasyRecovery 软件          图 7-25 单击"数据恢复"

（3）右侧出现数据恢复选项，单击"删除恢复"，如图 7-26 所示。

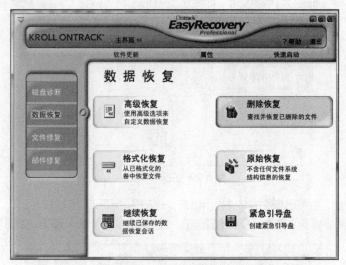

图 7-26 单击"删除恢复"

（4）弹出"目的地警告"对话框，阅读提示内容并单击"确定"按钮，如图 7-27 所示。

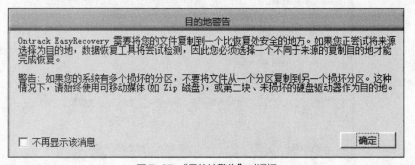

图 7-27 "目的地警告"对话框

（5）在左侧选择要恢复的分区，然后单击"下一步"按钮，如图 7-28 所示。

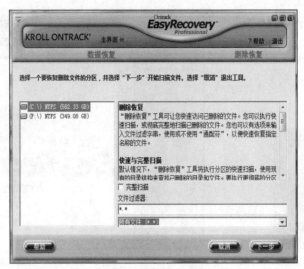

图 7-28　选择要恢复的分区

（6）恢复程序将扫描该分区中的文件，如图 7-29 所示。

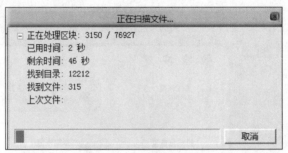

图 7-29　扫描分区文件

（7）扫描结束后，会将已删除的文件显示出来，在左侧显示已删除文件的目录，在右侧显示相应目录下的文件，选中要恢复的文件或目录前的复选框，然后单击"下一步"按钮，如图 7-30 所示。

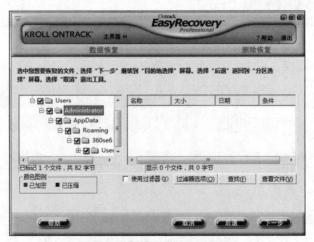

图 7-30　选择要恢复的文件或目录

（8）弹出恢复目的地选项，单击"浏览"按钮，如图 7-31 所示。

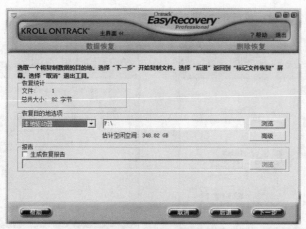

图 7-31　恢复目的地选项

（9）弹出选择保存位置的对话框，在对话框中选择要保存的位置，然后单击"确定"按钮。

（10）回到 EasyRecovery 主界面，单击"下一步"按钮，开始恢复。

（11）恢复完成后，弹出恢复成功提示信息，此时可以在选择的恢复位置看到还原的文件，单击"完成"按钮，如图 7-32 所示。

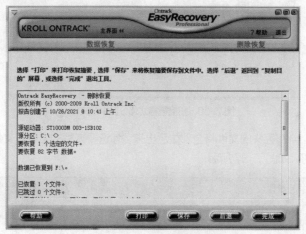

图 7-32　完成数据恢复

（12）出现"保存恢复"提示对话框，单击"否"按钮完成数据恢复，如图 7-33 所示。

图 7-33　"保存恢复"提示对话框

## 31.2.2　恢复被格式化的硬盘数据

即便是被格式化的硬盘数据，也可以使用 EasyRecovery 恢复和还原，操作步骤如下。

（1）进入 EasyRecovery 主界面，在左侧单击"数据恢复"，然后在右侧单击"格式化恢复"，如图 7-34 所示。

（2）选择被格式化的分区，然后单击"下一步"按钮，如图 7-35 所示。

图 7-34 单击"格式化恢复"

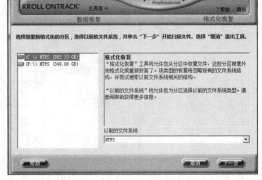

图 7-35 选择被格式化的分区

（3）程序会自动扫描被格式化分区中的文件，如图 7-36 所示。

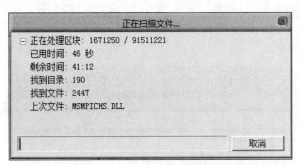

图 7-36 扫描被格式化分区中的文件

（4）扫描结束后，所有丢失的文件将全部显示出来，勾选要恢复的文件或文件夹前面的复选框，然后单击"下一步"按钮，如图 7-37 所示。

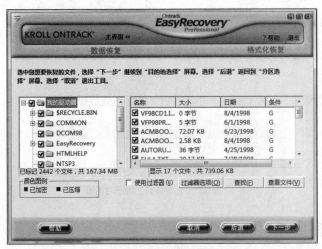

图 7-37 选择要恢复的文件或文件夹

（5）弹出恢复目的地选项，单击"浏览"按钮，如图 7-38 所示。

（6）选择保存位置，然后单击"确定"按钮，如图 7-39 所示。

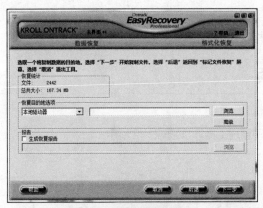

图 7-38　恢复目的地选项

图 7-39　选择保存位置

（7）回到 EasyRecovery 主界面，单击"下一步"按钮，如图 7-40 所示。

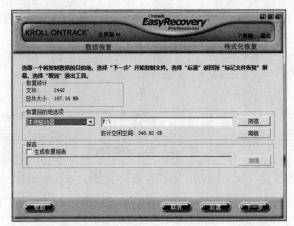

图 7-40　单击"下一步"按钮

（8）恢复完成后，弹出数据恢复成功信息，单击"完成"按钮，如图 7-41 所示。此时可以在选择的恢复目的地看到还原的文件。

图 7-41　完成格式化恢复

### 31.3 任务实施

通过各种途径了解和掌握其他恢复软件，以表格或其他形式展现学习成果。

## 实训7.1 减少系统启动加载项

操作步骤如下。

（1）打开控制面板，切换到大图标视图，单击"管理工具"，如图 7-42 所示。

图 7-42 启动管理工具

（2）在打开的"管理工具"窗口中双击"系统配置"，如图 7-43 所示。

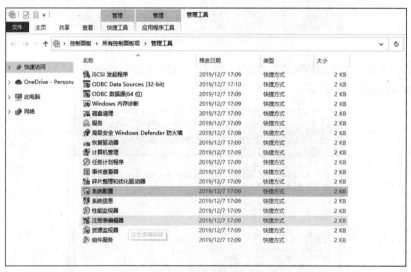

图 7-43 启动配置工具

（3）在打开的"系统配置"对话框中切换到"启动"选项卡，如图 7-44 所示。单击"打开任务管理器"，在列表中取消选中启动计算机时不需要运行的项目，如图 7-45 所示，然后单击"确定"按钮。

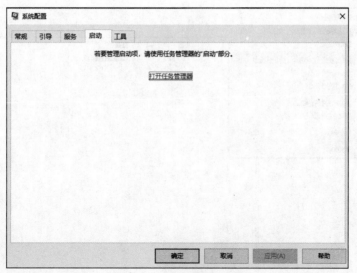

图 7-44　"系统配置"对话框

图 7-45　取消选中不需要运行的项目

## 实训 7.2　备份与还原注册表

　　由于注册表十分重要，在进行一些可能对注册表产生破坏的操作前，我们必须对注册表进行备份，以便在注册表遭到破坏后进行还原。利用注册表编辑器提供的导出和导入注册表文件的功能，可以很方便地对注册表文件进行备份和还原。

　　可按以下方法对注册表文件进行备份，操作步骤如下。

　　（1）启动注册表编辑器。

　　（2）在注册表编辑器中选择"计算机"。

　　（3）选中"文件"菜单中的"导出"命令，如图 7-46 所示。

　　（4）在图 7-47 所示的对话框中输入需要保存的注册表文件名，然后单击"保存"按钮。

　　如果并不想备份整个注册表文件，而只是备份其中的一个分支，可选择需要保存的主项或子项，再从步骤（3）开始进行后面的操作。

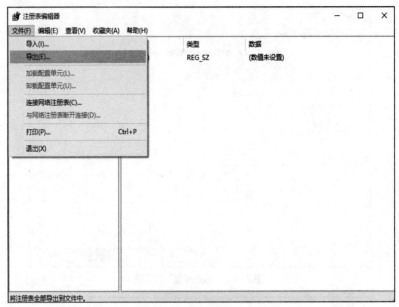

图 7-46　选择"导出"命令

图 7-47　输入需要保存的注册表文件名

导出的注册表文件是以".reg"为扩展名的文本文件，可以利用记事本等文本编辑器对其进行编辑。可按以下方法对注册表文件进行还原。

（1）启动注册表编辑器。

（2）选择"文件"菜单中的"导入"命令。

（3）在图 7-48 所示的对话框中选择需要导入的注册表文件，单击"打开"按钮。此时会出现图 7-49 所示的进程对话框。导入结束后将出现一个消息框，报告导入注册表文件成功。

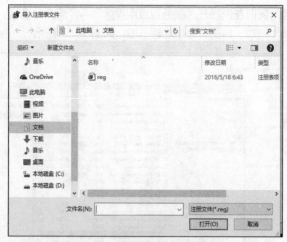

图 7-48　选择需要导入的注册表文件

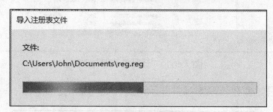

图 7-49　进程对话框

## 实训 7.3　优化系统服务

Windows 操作系统启动时，系统启动加载了很多在系统和网络中发挥着很大作用的服务，但这些服务并不都适合用户，因此有必要将一些不需要的服务关闭以节约内存资源，加快计算机的启动速度。另外，优化系统服务的主动权应该掌握在用户自己手中，因为对每个系统服务的使用需要是依个人实际使用情况来决定的。下面以关闭系统搜索索引服务（Windows Search）为例进行介绍，具体操作如下。

（1）单击"开始"按钮，选择"Windows 管理工具"→"计算机管理"，如图 7-50 所示。

图 7-50　选择"计算机管理"

（2）在"计算机管理"窗口左侧展开"服务和应用程序"→"服务"选项，在中间"服务"列表中选择"Windows Search"选项，单击"停止"超链接，如图7-51所示。

图7-51 "计算机管理"窗口

（3）Windows系统开始停止该项服务并显示进度，如图7-52所示。

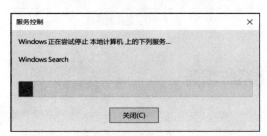

图7-52 停止服务

（4）停止服务后，只有通过单击"启动"超链接才能重新启动该服务，如图7-53所示。

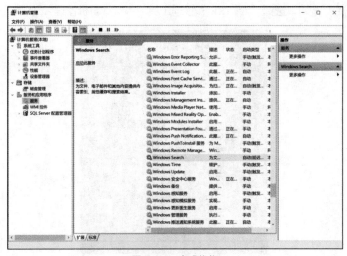

图7-53 完成优化

## 实训7.4　使用 DiskGenius 修复硬盘的主引导记录扇区

DiskGenius 是一款硬盘分区及数据恢复软件。Windows 版本的 DiskGenius 软件具有许多功能，如恢复已删除的文件、复制分区、备份分区、复制硬盘等功能。使用 DiskGenius 修复硬盘的主引导记录扇区的操作步骤如下。

（1）选中需要重建主引导记录的磁盘，然后单击"磁盘"→"重建主引导记录（重建 MBR）"，程序弹出图 7-54 所示的重建提示。

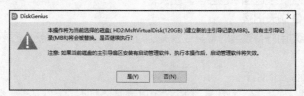

图 7-54　重建提示

（2）单击"是"按钮后，程序将用本软件自带的 MBR 重建主引导记录。

## 课后练习

（1）Norton Ghost 属于常用的（　　）软件
　　A. 数据备份与还原　　B. 杀毒软件　　　　C. 系统优化软件　　D. 硬件测试软件
（2）EasyRecovery 属于（　　）软件
　　A. 数据备份　　　　　B. 软件测试　　　　C. 数据恢复　　　　D. 网络游戏

## 技能提升

### 1. 关闭多余的服务

Windows 10 操作系统中提供的大量服务占据了许多系统内存，但很多服务用户完全用不上。考虑到大多数用户并不明白每一项服务的含义，所以不能随便进行关闭。如果用户完全能够明白某服务的作用，那就可以打开服务管理窗口逐项检查，关闭其中一些服务来提升操作系统的性能。下面介绍一些 Windows 操作系统中常见的对一般用户来说可以关闭的服务项。

（1）ClipBook：该服务允许网络中的其他用户浏览本机的文件夹。
（2）Print Spooler：打印机后台处理程序。
（3）Error Reporting Service：系统服务和程序在非正常环境下运行时发送错误报告。
（4）Net Logon：网络注册功能，用于处理注册信息等网络安全功能。
（5）NT LM Security Support Provider：为网络提供安全保护。
（6）Remote Desktop Help Session Manager：用于网络中的远程通信。
（7）Remote Registry：使网络中的远程用户能修改本地计算机中的注册表设置。
（8）Task Scheduler：使用户能在计算机中配置和制订自动任务的日程。
（9）Uninterruptible Power Supply：用于管理用户的 UPS。

### 2. 还原系统的注意事项

在进行系统还原前，应注意以下两点：一是要还原系统，硬盘至少要有 200MB 的可用空间；二是在创建还原点时，只是备份 Windows 10 的系统配置，并没有删除程序的功能。也就是说，当安装了一个有问题的程序，导致 Windows 10 出现问题后，便可以用系统还原功能将系统配置还原到未安装该程序的状态，但该程序的文件仍然保留在用户的硬盘中，必须手动将文件删除。

### 3. Windows 10 操作系统创建自动还原点

Whidows 10 操作系统创建自动还原点主要有以下一些情况：当 Windows 10 安装完成后第一次启动时；通过 Windows Update 安装软件后；当 Windows 10 连续开机时间达到 24 小时，或关机时间超过 24 小时再开机时；当安装未经微软签署认可的驱动程序时；当利用制作备份程序还原文件和设置时；当运行还原命令，要将系统还原到以前的某个还原点时。若某个软件的安装程序运用了 Windows 10 所提供的系统还原技术，在安装过程中也会创建还原点。

### 4. 备份与还原 QQ 聊天记录

QQ 聊天记录可能对用户有重要的意义或者其他的作用，备份 QQ 聊天记录可以让用户保存好这些聊天记录。

备份聊天记录的操作步骤如下。

（1）登录腾讯 QQ，弹出 QQ 主界面，单击"消息管理"，如图 7-55 所示，在弹出的"消息管理器"窗口中选择要备份的聊天记录，如图 7-56 所示。

图 7-55　单击"消息管理"

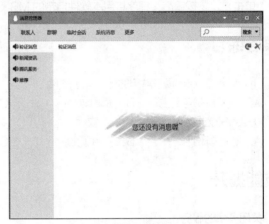

图 7-56　选择要备份的聊天记录

（2）单击"导入和导出"按钮（右侧顶部的三角形按钮），在弹出的菜单中选择"导出全部消息记录"命令，弹出"另存为"对话框，选择需要保存的目录，输入要保存的聊天记录的文件名，然后单击"保存"按钮，如图 7-57 所示。

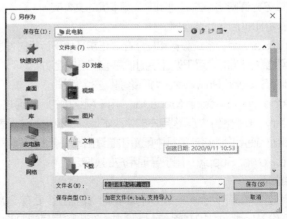

图 7-57　保存聊天记录

还原聊天记录操作步骤如下。

（1）打开"消息管理器"窗口，单击"导入和导出"按钮，选择"导入消息记录"命令，如图 7-58 所示。

（2）弹出"数据导入工具"对话框，勾选"消息记录"，单击"下一步"按钮，如图 7-59 所示。

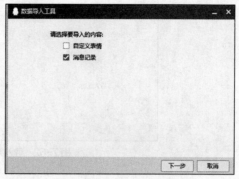

图 7-58　选择"导入消息记录"命令　　　　　　　　　图 7-59　勾选"消息记录"

（3）选择导入方式，这里选中"从指定文件导入"，如图 7-60 所示。

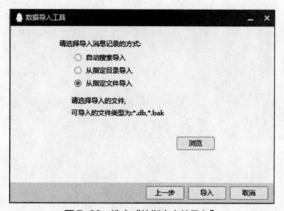

图 7-60　选中"从指定文件导入"

（4）单击"浏览"按钮，弹出文件浏览对话框，选择要导入的文件，然后单击"打开"按钮，操作完成后的对话框如图 7-61 所示。

图 7-61　选择导入的文件

（5）单击"导入"按钮，导入完成后单击"完成"按钮即可，如图7-62所示。

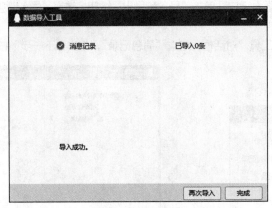

图7-62　导入完成

# 项目8
## 维护计算机

## 【情景导入】

计算机是我们生活和工作中重要的工具。如果我们不去维护计算机，即使它的功能很强大，也可能会出现故障，无法好好为我们工作。那我们应该从哪些方面对计算机进行维护呢？该如何操作？需要注意些什么呢？

本项目讲解如何维护计算机，主要从计算机日常维护、计算机安全维护、计算机系统维护 3 个方面进行介绍，包括计算机对工作环境的要求、放置位置、硬件的日常维护，计算机感染病毒的常见表现和防治方法、Windows 10 系统的维护、注册表的使用等基础知识；监测计算机硬件、转移重要文件、查杀病毒、修复系统漏洞、注册表的使用方法。通过学习本项目，读者将会对计算机维护的相关知识有较为详细的认识与了解。

## 【学习目标】

### 【知识目标】
- 掌握计算机的日常维护事项。
- 掌握计算机病毒的常见表现和预防黑客攻击的常用方法。
- 掌握维护系统的常用工具。

### 【技能目标】
- 掌握计算机的日常维护操作。
- 掌握计算机安全维护的各种操作。
- 掌握操作系统维护的方法。

### 【素质目标】
- 加强爱国主义教育、弘扬爱国精神与工匠精神。
- 培养自我学习的能力和习惯。
- 树立团队互助、进取合作意识。

## 【知识导览】

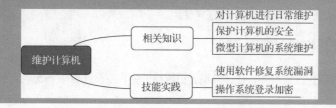

## 任务 32　对计算机进行日常维护

我们日常生活中接触到的各种机器，在使用过程中都会有磨损，一旦磨损过大，就容易出现故障，所以需要日常的保养与维护。计算机也是一种机器，并且计算机的组成部件较多，出现故障的概率较大，因此更加需要日常维护。

## 32.1　任务目标

本任务将学习日常维护计算机的相关知识，主要学习对计算机硬件进行维护的操作。通过本任务的学习，可以掌握日常维护计算机的相关操作。

## 32.2　相关知识

日常维护计算机主要包括计算机工作环境和放置位置的调整，以及计算机硬件的维护。下面介绍相关知识。

### 32.2.1　计算机对工作环境的要求

计算机对工作环境有较高的要求，若计算机长期工作在恶劣环境中，很容易出现故障。对于计算机的工作环境，主要有以下 6 点要求。

**做好防静电工作：** 静电可能造成计算机中各种芯片的损坏，为防止静电造成的损害，在打开机箱前应当用手接触暖气管或水管等可以放电的物体，将身体的静电放掉后再接触计算机中的部件。另外，在安装计算机时将机壳用导线接地，也可起到很好的防静电效果。

**预防震动和噪声：** 震动和噪声可能会造成计算机内部元件的损坏，因此最好不要在震动和噪声很大的环境中使用计算机。如确实需要将计算机放置在震动和噪声大的环境中，应考虑安装防震和隔音设备。

**小心过高的工作温度：** 计算机应当工作在 20℃～25℃的环境中，过高的温度会使计算机无法散出工作时产生的热量，轻则缩短使用寿命，重则烧毁芯片。因此，最好在放置计算机的房间安装空调，以保证计算机正常运行时所需的环境温度。

**小心过高的工作湿度：** 计算机在工作状态下应保持通风良好，湿度不能过高，否则主机内的线路板容易腐蚀，使板卡过早老化。

**防止灰尘过多：** 由于计算机各部件非常精密，如果在灰尘较多的环境中工作，就可能堵塞计算机的各种接口，使其不能正常工作。因此，不要将计算机置于灰尘过多的环境中，如果不能避免，应做好防尘工作。另外，最好每月清理一次机箱内部的灰尘，做好计算机的清洁工作，以保证计算机正常运行。

**保证计算机的工作电压稳定：** 电压不稳容易对计算机的电路和部件造成损害。由于市电供应存在高峰期和低谷期，电压经常波动，特别是在离城镇比较远的地方，在这样的环境下，最好配备稳压器，以保证计算机正常工作所需的稳定电压。另外，如果突然停电，则有可能会造成计算机内部数据的丢失，严重时还会造成系统不能启动等故障。因此，要想对计算机进行电源保护，推荐配备一个小型的家用 UPS（不间断电源供应）设备，以保证计算机的正常使用。

### 32.2.2　计算机的放置位置

计算机的放置位置也比较重要，在计算机的日常维护中，应该注意以下 3 点。

（1）主机的安放应当平稳，并保留必要的工作空间，用于放置磁盘、光盘等常用配件。

（2）要调整好显示器的高度，位置应保持显示器上边与视线基本平行，太高或太低都容易使操作者疲劳。

（3）当计算机停止工作时，最好能盖上防尘罩，防止灰尘对计算机的侵蚀。但在计算机正常使用的情况下，一定要取下防尘罩，以保证散热。

## 32.2.3　计算机硬件的日常维护

计算机硬件主要包括主板、CPU、内存条、显示器、声卡和显卡、光驱和光盘、鼠标和键盘等，下面分别介绍各硬件的维护要点。

### 1.　计算机主板部分的日常维护

主板几乎连接了计算机的所有硬件，做好主板的维护既可以保证计算机的正常运行，还可以延长计算机的使用寿命。日常维护主板主要有以下 4 点要求。

（1）主机不要频繁地启动、关闭。开机、关机要有 30 秒以上的间隔，关机应注意先关闭应用软件，再关闭操作系统，以免丢失数据或引起软件损坏。

（2）不要轻易打开机箱，特别不能在开机状态下去接触电路板，否则可能会使电路板烧坏。若不小心用手触摸硬盘背面的电路板，静电就有可能伤害到硬盘的电子元件，造成元器件的损坏。

（3）开机状态不要搬运主机，不要把装有液体的容器靠近主机或置于主机箱上，以免引起不必要的麻烦。

（4）在组装计算机时，固定主板的螺丝不要拧得太紧，各个螺丝都应该用同样的力度，拧得太紧容易使主板变形。

### 2.　CPU 的日常维护

日常维护 CPU 主要包括不要超频工作、正确安装和保证良好的散热等，其方法如下。

（1）尽量让计算机 CPU 工作在额定频率下。现在主流 CPU 运行频率已经够快了，一般没有必要再超频使用。

（2）CPU 的散热问题是不容忽视的，如果 CPU 不能很好地散热，就有可能引起系统运行不正常、机器无缘无故重新启动、死机等故障，给 CPU 选择一款好的散热器非常有必要。

（3）清理机箱、清洁 CPU 以后，安装的时候一定注意要安装到位。CPU 插座是有方向性的，插座上有两个角上各缺一个针脚孔，这与 CPU 是对应的；安装 CPU 散热器，要先在 CPU 核心上均匀地涂上一层导热硅脂，不要涂太厚，以保证散热片和 CPU 核心充分接触，安装时不要用力过大，以免压坏核心，同时一定要接上风扇电源（主板上有 CPU 风扇的电源接口）。

如果机器工作一直正常，就不要动 CPU。

### 3.　内存条的日常维护

内存条的日常维护主要注意以下 3 点。

（1）当只需要安装一根内存条时，应首选和 CPU 插座接近的内存条插槽，这样做的好处是当内存条被 CPU 风扇带出的灰尘污染后可以清洁，而插槽被污染后却极不易清洁。

（2）关于内存条混插问题，在升级内存条时，尽量选择与现有内存条相同的品牌。内存条混插原则：将低规范、低标准的内存条插入第一内存条插槽（即 DIMM1）中。

（3）对由灰尘引起的内存条故障、显卡氧化层故障，可用橡皮或棉花蘸上酒精处理。

### 4.　显示器的日常维护

显示器的日常维护主要注意以下 3 点。

（1）防磁化、防潮、防尘、散热，对计算机任何一个配件都很重要。需要提醒的是不要阻挡显示器外壳的散热孔。

（2）清洁显示器时不能用有机溶剂，如酒精、汽油、洗洁精等，因为有机溶剂会将显示器上的保护层溶解掉。擦显示器时不要用粗糙的布、纸之类的东西，可以用柔软的布进行清洁，或者使用少量的水湿润脱脂棉或镜头纸擦拭，但务必要在显示器拔掉电源插头后进行。不要用湿的抹布用力擦显示屏。

（3）如果你不是专业人士，不要擅自打开显示器外壳，因为显示器内有高压电路。

**5. 光驱及光盘的日常维护**

光驱及光盘的日常维护主要注意以下4点。

（1）对光驱的任何操作都要轻缓。尽量按光驱面板上的按键来弹出、放入托盘，按键时手指不能用力过猛，以防按键失灵；不宜用手推动托盘强行关闭，这对光驱的传动齿轮是一种损害。光驱中的机械构件大多是由塑料制成的，任何过大的外力都可能损坏进出盒机构。

（2）当光驱进行读取操作时，不要按弹出按钮强制弹出光盘。因为光驱进行读取时光盘正在高速旋转，若强制弹出，光驱经过短时间延迟后出盒，但光盘还没有完全停止转动，在出盒过程中光盘与托盘发生摩擦，很容易使光盘产生划痕。

（3）减少光驱使用时间，以延长使用寿命。在硬盘空间允许的情况下，可以把经常使用的光盘做成虚拟光盘存放在硬盘上，这样可以直接在硬盘上运行，并且具有读取速度快的特点。要尽量少放DVD影碟，如果确实经常要看DVD影碟，可以使用一些DVD电影辅助软件。光盘盘片也不宜长时间放置在光驱中，光驱内一旦有光盘，不仅计算机启动时要有很长的读盘时间，而且光盘也将一直处于高速旋转状态。这样既增加了激光头的工作时间，也使光驱内的电机及传动部件处于磨损状态，无形中缩短了光驱的寿命。所以，要养成关机前及时从光驱中取出光盘的习惯。

（4）光驱对防尘的要求很高，尽量不要使用脏的、有灰尘的光盘；每次打开光驱后要尽快关上，不要让托盘长时间露在外面，以免灰尘进入光驱内部；对不使用的光盘要妥善保管。光驱使用一段时间之后，激光头必然会染上灰尘，从而使光驱的读盘能力下降。具体表现为读盘速度变慢，显示屏画面和声音出现马赛克或停顿，严重时可听到光驱频繁读取光盘的声音。这些现象对激光头和驱动电机及其他部件都有损害，最好每月定期使用专门的光驱清洁盘对光驱进行清洁。

**6. 鼠标和键盘的日常维护**

鼠标和键盘的日常维护主要注意以下5点。

（1）避免摔碰鼠标，不要强力拉拽导线，单击鼠标时不要用力过度，以免损坏弹性开关。

（2）使用光电鼠标时要注意保持鼠标垫的清洁，使其处于更好的感光状态，避免污垢附着在底部遮挡光线接收。光电鼠标勿在强光条件下使用，也不要在反光率高的鼠标垫上使用。

（3）鼠标垫不但使移动更平滑，也使橡皮球与鼠标垫之间有一定的摩擦力，能够减少污垢通过橡皮球进入机械鼠标的情况。

（4）按键时要注意力度，强烈的敲击会降低键盘的使用寿命。

（5）键盘和鼠标可用湿布进行清洁，注意清洁完毕后必须晾干后方可与主机连接。机械鼠标：打开背面的旋转盘，卸下橡皮球，主要清洁转轴上的污垢。光电鼠标：主要清洁附着在底部的污垢。

## 32.3  任务实施

熟悉了相关基础知识，现在一起来动手试试吧。理论与实践相结合才能更好地掌握知识。

### 32.3.1  监测计算机硬件

在我们长期使用计算机的过程中，硬件的性能可能会发生变化，所以我们需要一个"帮手"帮我们检测计算机硬件的好坏，监测硬件的健康状况。下面介绍一款老牌软件AIDA64。AIDA64是比较强大的硬件监测工具，它可以监测系统和硬件几百个详细信息，同时它还支持硬件性能测试，可以得出内存读写速度、CPU 超频速度、硬盘读写速度等信息，十分好用。下面介绍使用 AIDA64 监测硬件的基本操作。

（1）下载并安装 AIDA64 软件，打开软件，主界面如图 8-1 所示。

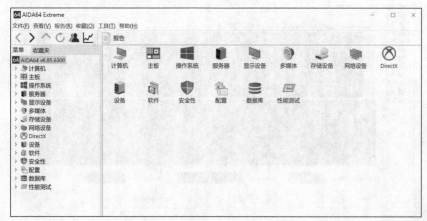

图 8-1　AIDA64 软件主界面

（2）单击"计算机"，可以看到很多的明细。"传感器"这一项很有用，可用于查看 CPU、GPU、硬盘等硬件的温度等信息。

（3）通过"性能测试"，能够很好地检测内存、CPU 和 GPU 等的能力。

（4）选择"工具"菜单中的"内存和缓存测试"命令，可通过测试读、写、复制项目来准确检测内存和缓存的性能。单击"Start Benchmark"开始测试，如图 8-2 所示。

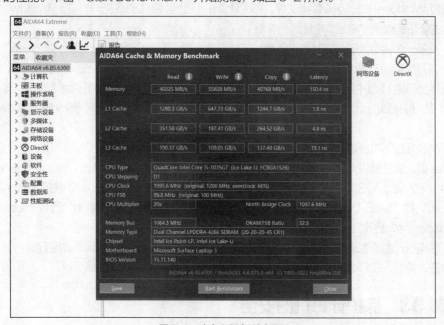

图 8-2　内存和缓存测试界面

（5）选择"工具"菜单中的"系统稳定性测试"命令，可以通过高强度的运行来查看温度和 CPU 的反应，如图 8-3 所示。

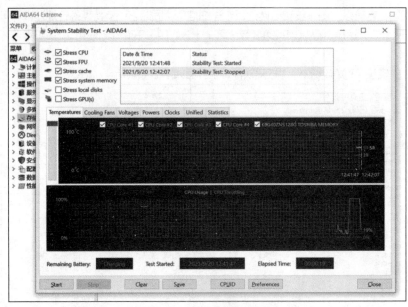

图 8-3　系统稳定性测试界面

### 32.3.2　转移重要文件

当计算机崩溃无法进入系统的时候，我们可能需要重新安装系统，但是重新安装系统计算机 C 盘的文件就全部丢失了，所以在这之前我们要把 C 盘上的重要文件转移备份到计算机其他地方保存。下面介绍如何通过 Windows PE 转移 C 盘文件。不同计算机的 U 盘启动方式不一样，但 Windows PE 的操作是一样的，下面以戴尔笔记本电脑为例介绍。

（1）准备一个容量大于 4GB 的空 U 盘，在快启动官网下载一个最新版 U 盘启动盘制作工具。

（2）打开快启动 U 盘启动盘制作工具，选择制作启动盘，插入 U 盘，双击"一键制作"。随即弹出执行此操作会删除 U 盘中所有数据且不可恢复的警告提示，单击"确定"按钮，继续操作。等待相关数据写入 U 盘，直到弹出 U 盘制作成功信息提示，单击"返回"按钮即可。这样就制作好了 Windows PE 启动盘。

（3）关机后按下电源键，连续按 F12 键，进入 Boot menu 列表，单击"USB Storage Device"并按 Enter 键，就顺利进入 Windows PE 界面了。如果没有 USB 选项，单击"Setup"进入 BIOS，或者重启按 F2 键进入 BIOS，切换到"Boot"，单击"Secure Boot Control"并按 Enter 键，改成"Disabled"，将"USB Boot Support"设置成"Enabled"，将"Boot Mode"改成"Legacy"，将"1st boot device"更改为"USB storage device"，按 F10 键保存。

（4）根据自己的机型选择 Windows PE 的类型，进入 Windows PE 界面，此时界面与计算机桌面类似。打开计算机，在 C 盘中找到需要转移的文件后，将文件复制到其他磁盘保存。

## 任务 33　保护计算机的安全

有一项日常维护无法保证的安全——计算机安全。由于计算机和网络的普及，计算机中保存的各种数据的价值越来越高，为了保护这些数据，我们也要对计算机安全进行维护。

## 33.1 任务目标

本任务将介绍对计算机的安全进行维护，主要包括查杀病毒、防御黑客攻击、修复系统漏洞、文件加密和隐藏硬盘驱动器等方面的知识。通过本任务的学习，可以基本保障计算机安全运行。

## 33.2 相关知识

下面将介绍计算机病毒、操作系统漏洞、黑客等知识。

### 33.2.1 计算机感染病毒的常见表现和防治方法

计算机病毒本身也是一种程序，由一组程序代码构成。不同之处在于，计算机病毒会对计算机的正常使用造成破坏。

#### 1. 计算机病毒的直接表现

虽然病毒入侵计算机的过程通常在后台，并在入侵后潜伏于计算机系统中等待机会，但这种入侵和潜伏的过程并不是毫无踪迹的。当计算机出现异常现象时，就应该使用杀毒软件扫描计算机，确认是否感染病毒。这些异常现象包括以下 5 方面。

* 系统资源消耗加剧：硬盘中的存储空间急剧减少，系统中基本内存发生变化，CPU 的使用率保持在 80% 以上。
* 性能下降：计算机运行速度明显变慢，运行程序时经常提示内存不足或出现错误；计算机经常在没有任何征兆的情况下突然死机；硬盘经常出现不明的读写操作，在未运行任何程序时，硬盘指示灯不断闪烁甚至长亮不熄。
* 文件丢失或被破坏：计算机中的文件莫名丢失、文件图标被更换、文件的大小和名称被修改以及文件内容变成乱码，原本可正常打开的文件无法打开。
* 启动速度变慢：计算机启动速度变得异常缓慢，启动后在一段时间内系统对用户的操作无响应或响应变慢。
* 其他异常现象：系统的时间和日期无故发生变化；自动打开浏览器连接到不明网站；突然播放不明的声音或音乐；经常收到来历不明的邮件；部分文档自动加密；计算机的输入输出端口不能正常使用等。

#### 2. 计算机病毒的间接表现

某些计算机病毒会以"进程"的形式出现在系统内部，这时我们可以通过打开系统进程列表来查看正在运行的进程，通过进程名称及路径判断是否有病毒，如果有则记下其进程名，结束该进程，然后删除病毒程序。

计算机的进程一般包括基本系统进程和附加进程，了解这些进程所代表的含义，可以方便判断是否存在可疑进程，进而判断计算机是否感染病毒。基本系统进程对计算机的正常运行起着至关重要的作用，因此不能随意将其结束。常用进程主要包括以下 9 项。

* Explorer.exe：用于显示系统桌面上的图标以及任务栏图标。
* Spoolsv.exe：用于管理缓冲区中的打印和传真作业。
* Lsass.exe：用于管理 IP 安全策略及启动 ISAKMP/Oakley（IKE）和安全驱动程序。
* Servi.exe：系统服务的管理工具，包含很多系统服务。
* Winlogon.exe：用于管理用户登录系统。
* Smss.exe：会话管理系统，负责启动用户会话。
* Csrss.exe：子系统进程，负责控制 Windows 创建或删除线程以及 16 位的虚拟 DOS 环境。

- Svchost.exe：系统启动时，Svchost.exe 将检查计算机中的位置来创建需要加载的服务列表，如果多个 Svchost.exe 同时运行，则表明当前有多组服务处于活动状态，或者是多个.dll 文件正在调用它。
- System Idle Process：该进程是作为单线程运行的，并在系统不处理其他线程时分派处理器的时间。

### 3. 计算机病毒的防治方法

计算机病毒固然猖獗，但只要用户加强病毒防范意识和防范措施，就可以降低计算机被病毒感染的概率或破坏程度。计算机病毒的防治主要包括以下 5 方面。

- 安装杀毒软件：计算机中应安装杀毒软件，开启软件的实时监控功能，并定期升级杀毒软件的病毒库。
- 及时获取病毒信息：通过登录杀毒软件的官方网站、计算机报刊和相关新闻，获取最新的病毒预警信息，学习最新的病毒防治和处理方法。
- 备份重要数据：使用备份工具软件备份系统，以便在计算机感染病毒后可以及时恢复。同时，重要数据应利用移动存储设备等进行备份，以减小病毒造成的损失。
- 杜绝二次传播：当计算机感染病毒后，应及时使用杀毒软件清除和修复，注意不要将计算机中感染病毒的文件复制到其他计算机中。若局域网中的某台计算机感染了病毒，应及时断开网线，以免其他计算机被感染。
- 切断病毒传播渠道：使用正版软件，拒绝使用盗版和来历不明的软件；网上下载的文件要先杀毒再打开；使用移动存储设备时也应先杀毒再使用；同时注意不要随便打开来历不明的电子邮件和陌生人传送的文件等。

### 4. 认识操作系统漏洞

操作系统漏洞指操作系统本身在设计上的缺陷或在编写时产生的错误，这些缺陷或错误可以被不法者利用，通过植入木马或病毒等方式来攻击或控制整个计算机，从而窃取其中的重要资料和信息，甚至破坏用户的计算机。操作系统漏洞产生的主要原因如下。

- 原因一：受编程人员的能力、经验和当时安全技术所限，在程序中难免会有不足之处，轻则影响程序功能，重则导致非授权用户的权限提升。
- 原因二：硬件原因。编程人员无法弥补硬件的漏洞，从而使硬件的问题通过软件表现出来。
- 原因三：人为因素。程序开发人员在程序编写过程中，为实现某些目的，在程序代码的隐蔽处保留了后门。

## 33.2.2 黑客攻击

### 1. 认识黑客

黑客（Hacker）是对计算机系统非法入侵者的称呼，黑客攻击计算机的手段各式各样，如何防止黑客的攻击是每个用户都关心的计算机安全问题。黑客通过一切可能的途径来达到攻击计算机的目的，下面简单介绍一些常用手段。

- 网络嗅探器：使用专门的软件查看 Internet 的数据包，或使用侦听器程序对网络数据流进行监视，从中捕获口令或相关信息。
- 文件型病毒：通过网络不断地向目标主机的内存缓冲器发送大量数据，以摧毁主机控制系统或获得控制权限，并致使接收方运行缓慢或死机。
- 电子邮件炸弹：电子邮件炸弹是匿名攻击之一，它不断并大量地向同一地址发送电子邮件，从而耗尽接收者网络的带宽。

- 网络型病毒：黑客一般都拥有超强的计算机技术，他们可以通过分析 DNS 直接获取 Web 服务器等主机的 IP 地址，在没有障碍的情况下完成侵入的操作。

- 木马程序：木马的全称是"特洛伊木马"，木马程序是一类特殊的程序，一般以寻找后门并窃取密码为主。对于普通计算机用户，防御黑客主要是针对木马程序。

**2. 预防黑客攻击的方法**

黑客攻击使用的木马程序一般是通过绑定在其他软件、电子邮件上，感染邮件客户端软件等方式进行传播，因此，应从以下 9 个方面来进行预防。

- 不执行来历不明的软件：木马程序一般是通过绑定在其他软件上进行传播，一旦运行了被绑定的软件就会被感染。因此在下载软件时，推荐去一些信誉比较高的站点。在安装软件之前用反病毒软件进行检查，确定安全后再使用。

- 不随意打开邮件附件：有些木马程序是通过邮件来进行传播，而且会连环扩散，因此在打开邮件附件时需要注意。

- 重新选择新的客户端软件：很多木马程序主要感染的是 Outlook 和 Outlook Express 的邮件客户端软件，因为这两款软件全球使用量最大，黑客们对它们的漏洞的研究比较透彻。如选用其他的邮件软件，受到木马程序攻击的可能性就会减小。

- 少用共享文件夹：如因工作需要，必须将计算机设置成共享，则最好把共享文件放置在一个单独的共享文件夹中。

- 运行反木马实时监控程序：在上网时最好运行反木马实时监控程序，该程序一般都能实时显示当前所有运行程序并且有详细的描述信息，另外再安装一些专业的最新杀毒软件或个人防火墙等进行监控。

- 经常升级操作系统：许多木马都是通过系统漏洞来进行攻击的，微软公司发现这些漏洞之后都会在第一时间内发布补丁，可以通过给系统打补丁来防止攻击。

- 使用杀毒软件：常见的杀毒软件都可以对木马进行查杀，这些杀毒软件包括江民杀毒软件、360 杀毒、金山毒霸等。

- 使用木马查杀软件：对木马不能只采用防范手段，还要将其彻底地清除，专业的木马查杀软件一般都带有清除功能，如 The Cleaner、木马克星、木马终结者等。

- 使用网络防火墙：常见网络防火墙软件有国外的 Lockdown，国内的天网、金山网镖等。一旦有可疑网络连接或木马对计算机进行控制，防火墙就会报警，同时显示出对方的 IP 地址和接入端口等信息，通过手动设置之后即可使对方无法进行攻击。

## 33.3 任务实施

熟悉了相关基础知识，现在一起来动手试试吧。理论与实践相结合才能更好地掌握知识。

### 33.3.1 使用杀毒软件查杀病毒

通常在使用杀毒软件查杀病毒前，最好先升级软件的病毒库，再进行病毒查杀。本例将使用 360 杀毒软件查杀病毒，具体操作如下。

（1）在桌面上双击"360 杀毒"图标，打开 360 杀毒主界面，单击最下面的"检查更新"超链接，打开"360 杀毒-升级"对话框。连接到网络检查病毒库是否为最新，如果非最新状态，就下载并安装最新的病毒库，如图 8-4 所示。

（2）在打开的对话框中显示病毒库升级完成，单击"关闭"按钮，返回 360 杀毒主界面，单击"快速扫描"按钮。

图 8-4　检查更新

（3）360 杀毒开始对计算机中的文件进行病毒扫描，按照系统设置、常用软件、内存活跃程序、开机启动项和系统关键位置的顺序进行，如果在扫描过程中发现对计算机安全有威胁的项目，就将其显示在界面中，如图 8-5 所示。

图 8-5　快速扫描

（4）扫描完成后，360 杀毒将显示所有扫描到的威胁情况，单击"立即处理"按钮。

（5）360 杀毒对扫描到的威胁进行处理，并显示处理结果，单击"确认"按钮即可完成病毒的查杀操作。

### 33.3.2　启用防火墙防御黑客攻击

防火墙具有很好的保护计算机的作用。入侵者必须穿过防火墙的安全防线，才能接触目标计算机。启用防火墙的具体操作如下。

**1．开启系统自带防火墙**

在控制面板中，单击"Windows Defender 防火墙"，然后单击"启用或关闭 Windows Defender

防火墙"超链接，单击"启用"，最后单击"确定"。

**2. 使用软件防火墙**

防御黑客攻击的方法主要是开启木马防火墙和查杀木马程序，下面使用 360 安全卫士设置木马防火墙和查杀木马，其具体操作如下。

（1）启动 360 安全卫士，在主界面左下侧单击"安全防护中心"按钮，如图 8-6 所示。

图 8-6　360 安全卫士主界面

（2）在打开的"360 安全防护中心"界面中设置需要的各种网络防火墙。

（3）返回 360 安全卫士主界面，单击"木马查杀"按钮；进入 360 安全卫士的查杀修复界面，单击"快速查杀"按钮。

（4）360 安全卫士开始进行木马扫描，并显示扫描进度和扫描结果，如果没有发现木马，将显示计算机安全。

**知识补充**

若360安全卫士显示扫描到木马程序或危险项，将提供处理方法。单击"立即处理"按钮，即可自动处理木马程序或危险项，并提示用户重启计算机；单击"好的，立即重启"按钮重启计算机，完成查杀操作。

### 33.3.3　文件加密

文件加密的方法很多，除了使用 Windows 系统的隐藏功能外，还可使用应用软件对文件进行加密。目前使用较多且最简单的文件加密方式是使用压缩软件加密。下面介绍使用 360 压缩软件为文件加密的方法，具体操作如下。

（1）在操作系统中找到需要加密的文件，在其上单击鼠标右键，在弹出的快捷菜单中选择"添加到压缩文件"命令。

（2）在打开的对话框中单击"添加密码"超链接，打开"添加密码"对话框，在两个文本框中输入相同的密码，单击"确定"按钮，如图 8-7 所示。

（3）单击"立即压缩"按钮，即可将该设置了密码的文件添加到压缩文件，在文件夹中可看到压缩文件。以后在将该文件解压时，需要输入刚才设置的密码才能正确解压。

图 8-7　添加密码

### 33.3.4　隐藏硬盘驱动器

计算机的硬盘是存储数据的地方，有时我们会想把文件存放在一个硬盘里面不让别人发现，那么可以隐藏该硬盘。下面介绍运用 PartitionMagic 软件来隐藏硬盘驱动器的步骤。

（1）下载、安装、运行 Partition Magic 软件。

（2）选择一个分区。

（3）在菜单"Operations"中选择"Advanced"下的"Hid Partition"命令，在出现的对话框中单击"OK"按钮。

（4）单击"Apply"按钮后重新启动，硬盘驱动器就隐藏了。

## 任务 34　微型计算机的系统维护

目前，微型计算机所使用的操作系统主要有 Windows、Linux、macOS 和 Chrome OS 等。对系统维护人员来讲，除了了解操作系统的主要功能、掌握它们的安装和使用方法外，还要熟悉一些常用系统维护工具。大多数用户用的是 Windows 操作系统，本任务就以 Windows 10 操作系统为例，讲解系统维护的方法和注册表的使用。

### 34.1　任务目标

本任务将介绍对微型计算机系统进行维护，主要包括 Windows 10 系统维护的方法和注册表的使用两方面的知识。通过本任务的学习，可以基本保障计算机系统安全运行。

### 34.2　相关知识

下面将介绍 Windows 10 的系统维护、注册表的使用等知识。

#### 34.2.1　Windows 10 的系统维护

Windows 10 增强了系统的智能化特性，系统能够自动地对自身工作性能进行必要的管理和维护。

同时，Windows 10 提供了多种系统工具，用户能够根据自己的需要优化系统性能，使系统更加安全、稳定和高效地运行。

**1. 杀毒和安全防护**

我们可以借助系统自带的防火墙，也可以利用一些杀毒软件来进行对计算机的安全维护。

（1）Windows 防火墙。Windows 10 自带的防火墙与以前版本的防火墙相比功能更实用，且操作简单。Windows 防火墙启动很方便，单击"开始"→"控制面板"，打开控制面板，如图 8-8 所示，单击"系统和安全"后出现的界面如图 8-9 所示，单击"Windows 防火墙"即可打开图 8-10 所示的防火墙设置界面。

图 8-8　控制面板

图 8-9　系统和安全

图 8-10　防火墙设置界面

　　防火墙的设置很有讲究，如果设置不好，则除了阻止网络恶意攻击之外，还会阻挡用户正常访问互联网。如果用户已经安装了专业的安全软件，也可以关闭 Windows 防火墙。手动开启/关闭 Windows 防火墙很简单。在防火墙设置界面左侧单击，进入打开或关闭防火墙界面，如图 8-11 所示。在这个界面里我们可以分别对专用网络和公共网络采用不同的安全规则，两个网络中都有"启用"和"关闭"两个选择。此外，"阻止所有传入连接，包括位于允许应用列表中的应用"是非常实用的一个功能，当用户预先知道自己将进入一个不太安全的网络环境时，就可以暂时勾选这个复选框，禁止一切外部连接，这样就为系统安全提供了有力保障。

图 8-11　打开或关闭防火墙界面

　　我们可以通过设置防火墙，允许某个程序通过防火墙进行网络通信。在 Windows 防火墙设置界面左侧，单击"允许应用或功能通过 Windows 防火墙"进入设置界面，单击"更改设置"后即可进行相应操作，如图 8-12 所示。如果除了界面中所列的程序之外，还想让某一款应用软件能顺利通过 Windows 防火墙，可以通过单击"允许其他应用"按钮来进行添加。

图 8-12　允许应用通过 Windows Defender 防火墙进行通信

　　我们还可以通过高级设置对防火墙进行更加详细、全面的配置。在 Windows 防火墙设置界面左侧，单击"高级设置"，在弹出的界面中有很多新的设置，如图 8-13 所示，包括出/入站规则、连接安全规则等都可以在这里进行自定义配置。系统还针对每一个程序提供了 3 种实用的网络连接方式：允许连接，即程序或端口在任何情况下都可以被连接到网络；只允许安全连接，即程序或端口只有在 IPSec 保护的情况下才允许连接到网络；阻止连接，即阻止此程序或端口在任何状态下连接到网络，如图 8-14 所示。

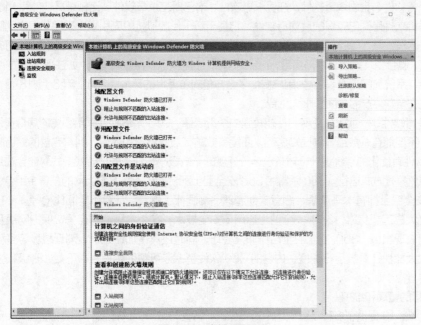

图 8-13　高级设置界面

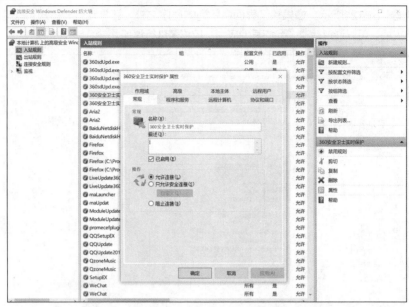

图8-14　3种实用的网络连接方式

此外，系统还提供了防火墙还原默认设置功能，此功能可以将防火墙还原到初始状态。在 Windows 防火墙设置界面左侧，单击"还原默认设置"即可。

（2）微软杀毒软件。MSE（Microsoft Security Essentials）是微软官方推出的杀毒软件，与 Windows 10 系统的结合可谓相得益彰。MSE 需要通过 Windows 正版验证，终身免费使用。MSE 的安装快速、简便，界面简洁、直观。MSE 在后台高效地运行，提供实时保护，保持自动更新，对日常操作性能影响很小。

（3）杀毒和安全防护常用软件。目前市场上的杀毒和安全防护软件很多，比较常用的有瑞星杀毒软件、360 杀毒软件、金山杀毒软件、江民杀毒软件、卡巴斯基杀毒软件、诺顿杀毒软件和 McAfee 等。

瑞星杀毒软件是国内较早的反病毒软件，它基于新一代虚拟机脱壳引擎，采用三层主动防御策略开发，具有"木马强杀""病毒 DNA 识别""主动防御""恶意行为检测"等大量核心技术，可有效查杀目前各种加壳、混合型及家族式木马病毒，约 70 万种，还提供了多种适用工具（如注册表修复、漏洞修复、账号保险柜、系统加固工具等），为用户提供了全方位安全无毒的环境。2011 年 3 月 18 日，瑞星公司宣布其个人安全软件产品全面、永久免费。

360 杀毒软件是一款永久免费、性能较强的杀毒软件。360 杀毒软件采用领先的病毒查杀引擎及云安全技术，不但能查杀数百万种已知病毒，还能有效防御最新病毒的入侵，拥有完善的病毒防护体系。360 杀毒软件有优化的系统设计，对系统运行速度的影响极小，独有的"游戏模式"还会在用户玩游戏时自动采用免打扰方式运行。360 杀毒和 360 安全卫士配合使用，是安全上网的"黄金组合"。

360 安全卫士拥有木马查杀、恶意软件清理、漏洞补丁修复、计算机全面体检等多种功能。目前木马威胁之大已远超病毒，360 安全卫士运用云安全技术，在杀木马、防盗号、保护网银及游戏账号安全等方面表现出色。360 安全卫士自身非常轻巧，同时还具备加速开机、清理垃圾等多种系统优化功能，可大大加快计算机运行速度，内含的 360 软件管家还可帮助用户轻松下载、升级和强力卸载各种应用软件。

**2. 磁盘的管理和维护**

Windows 10 提供了多种工具供用户对磁盘进行管理与维护。这些工具不仅功能强大，而且简单易用，用户完全不必担心由于自己的误操作而使磁盘中的数据丢失。

（1）磁盘碎片整理。计算机使用一段时间后，用户可能会感觉磁盘的读取速度变慢了，这主要是因为用户在不断移动、复制和删除文件的过程中，磁盘中形成了很多文件碎片。文件碎片并不会使文件中的数据缺少或损坏，只是把一个文件分割成多个小部分放置在磁盘中不连续的位置，使系统需要花费较长的时间来搜集和读取文件的各个部分。另外，由于磁盘中空闲空间也是分散的，当用户建立新文件时，系统也需花费较长的时间把新建的文件存储在磁盘中的不同地方。因此，用户应定期对磁盘碎片进行整理。

运行磁盘碎片整理时，系统会把同一个文件的所有文件碎片移动到磁盘中的同一个位置，使各个文件可以各自拥有一块连续的存储空间。这样，系统就能够快速地读取或新建文件，从而恢复高效的系统性能。

进行磁盘碎片整理的操作步骤如下。

双击"此电脑"，双击 C 盘，在菜单栏选择"管理"，单击"优化"，然后就会打开"优化驱动器"对话框。这里就是进行 Windows 10 系统磁盘碎片整理的地方，如图 8-15 所示。选择一个磁盘，比如 C 盘，单击"优化"。然后，系统就会对 C 盘进行磁盘碎片情况分析，并进行磁盘碎片整理，如图 8-16 所示。

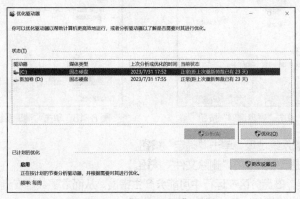

图 8-15 "优化驱动器"对话框

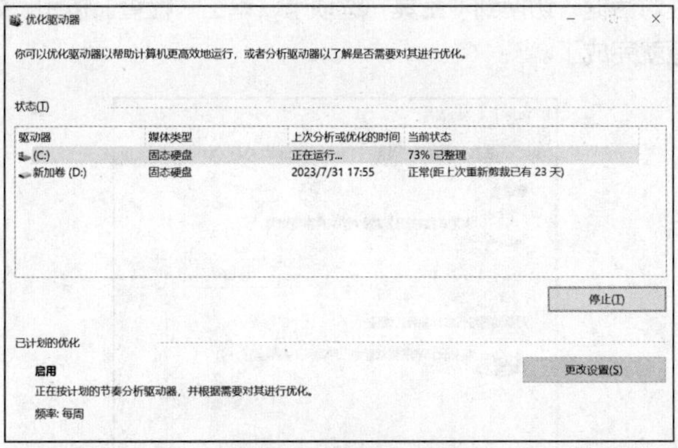

图 8-16 开始整理 C 盘

定期对磁盘进行碎片整理能帮助系统高效运行，但是这个定期究竟是多久，目前还没有一个确切的说法。有一个方法可以帮助大家查看磁盘是否需要进行碎片整理，那就是在进行碎片整理之前先运行"分析磁盘"功能，以确定该分区上的碎片数量是否到了需要整理的阶段。假如分析结果显示碎片率极低甚至是 0，那就不必整理了。因为过于频繁地进行碎片整理，会加大磁盘和系统负担，减少磁盘的使用寿命。

（2）磁盘清理。磁盘清理程序可以搜索到磁盘中的临时文件和缓存文件等各种不再有用的文件，使用户不需要自己在磁盘中到处寻找，直接从系统提供的搜索结果列表中把它们删除，以便腾出更多的磁盘空间来存储有用的文件或安装有用的应用程序。使用磁盘清理整理程序还可以避免用户误删某些有用的文件，从而保证应用程序能够正常运行。

进行磁盘清理的操作步骤如下。

● 双击"此电脑"，右键单击系统盘，选择"属性"命令，单击"磁盘清理"按钮，如图 8-17 所示。单击"清理系统文件"按钮，如图 8-18 所示。

图 8-17 单击"磁盘清理"按钮

图 8-18 单击"清理系统文件"按钮

● 勾选需要清理的系统垃圾，单击"确定"按钮。
● 在弹出的系统提示中，单击"删除文件"按钮。

（3）检查磁盘错误。磁盘分区在运行中可能会产生错误，从而危害数据安全，使用检查磁盘错误操作可以检查磁盘错误并进行修复，具体操作如下：

● 打开磁盘的属性对话框，切换到"工具"选项卡，单击"检查"按钮，如图 8-19 所示。
● 等待片刻，检查就完成了。

图 8-19 磁盘错误检查

## 34.2.2　注册表的使用

注册表记录着计算机所有软、硬件信息，包括所有操作系统所需要的软、硬件基础信息和账户配置。熟悉一些注册表的操作可以方便我们对计算机的使用。

接下来将分别从注册表的简介、基本结构、使用操作及应用进行详细介绍。

### 1.　注册表简介

在早期的 Windows 3.x 操作系统中，对软、硬件工作环境的配置是通过对扩展名为 ".ini" 的初始化文件进行修改来完成的，由于初始化文件的大小不超过 64KB，因此每种设备或应用程序都有自己的初始化文件，这造成了这些初始化文件不便于管理和维护。在 Windows 95 及其后续版本的操作系统中，推出了注册表数据库。注册表是 Windows 操作系统的核心数据库，其中存放着各种参数，直接控制着 Windows 的启动、硬件驱动程序的加载及 Windows 应用程序的正常运行等，巧用注册表可以极大地提高系统性能或者进行个性化设置。为了维护与设置注册表，需要使用注册表编辑器。Windows 自带了注册表编辑器 Regedit。

### 2.　注册表基本结构

在 "开始" 菜单的搜索框中输入 "regedit"，按 Enter 键，或者用鼠标单击搜索到的程序，即可打开注册表编辑器，如图 8-20 所示。可以看到，Windows 10 注册表有五大主项。

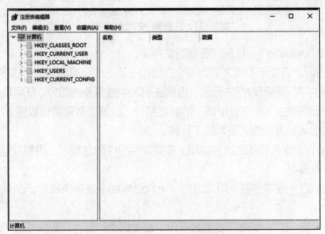

图 8-20　注册表编辑器

- HKEY_CLASSES_ROOT: HKEY_LOCAL_MACHINE\SOFTWARE\Classes，但是在 HKEY_CLASSES_ROOT 下编辑相对来说显得更容易和更有条理。此处保存了所有应用程序运行时必需的信息。

- HKEY_CURRENT_USER: HKEY_USERS 的子项。此处保存了本地计算机中存放的当前登录的用户信息，包括用户登录用户名和暂存的密码。在用户登录 Windows 时，其信息从 HKEY_USERS 中相应的项复制到 HKEY_CURRENT_USER 中。

- HKEY_LOCAL_MACHINE: 此处保存了注册表里所有与当前计算机有关的配置信息，只是一个公共配置信息单元。对普通用户来说，只需有一个大致的了解即可。

- HKEY_USERS: 此处保存了默认用户设置和登录用户的信息。虽然它包含了所有独立用户的设置，但在用户未登录时，用户的设置是不可用的。这些设置告诉系统哪些图标会被使用，什么组可用，哪个开始菜单可用，哪些颜色和字体可用，以及控制面板上什么选项和设置可用。

- HKEY_CURRENT_CONFIG: 此处存放本地计算机在系统启动时所用的硬件配置文件信息。

Windows 10 注册表通过项和值项来管理数据，如图 8-21 所示。项有主项与子项，值项包括数值名称、数值类型和数值数据 3 个部分。

图 8-21 注册表中的项和值项

- 主项：在注册表编辑器中，出现在左侧的文件夹。
- 子项：项中的项。它位于主项之下。每个主项和子项下面又可以有一个或多个子项。
- 值项：注册表中实际显示数据的元素，也是注册表中最重要的部分。任何项都可以有一个或多个值项，每个值项在注册表中由 3 个部分组成，即数值名称、数值类型和数值数据。

Windows 10 注册表数据类型主要有如下几种。

- REG_BINARY：未处理的二进制数据。多数硬件组件信息都以二进制数据存储，而以十六进制格式显示在注册表编辑器中。
- REG_DWORD：双字节值，用二进制、十六进制或十进制来表示。许多设备驱动程序和服务的参数是这种类型。
- REG_EXPAND_SZ：长度可变的数据串。该数据类型包含在程序或服务使用该数据时确定的变量。
- REG_MULTI_SZ：多重字符串。其中可被用户读取的列表或多值的值通常为该类型。项用空格、逗号或其他标记分开。
- REG_SZ：固定长度的文本串。
- REG_FULL_RESOURCE_DESCRIPTOR：设计用来存储硬件元件或驱动程序的资源列表的嵌套数组。

**3. 使用注册表编辑器**

注册表编辑器是用来查看和更新系统注册表设置的高级工具，用户可以编辑、备份、还原注册表。

（1）编辑注册表。

利用注册表编辑器新建、删除、修改注册表中的项目是用户编辑注册表的重要手段。下面以在 HKEY_CURRENT_USER\AppEvents 下创建一个子项 QQ，并在 QQ 下创建值项数据为例，介绍利用注册表编辑器编辑注册表的过程，操作过程如下。

- 双击 HKEY_CURRENT_USER 主项，展开注册表，如图 8-22 所示。

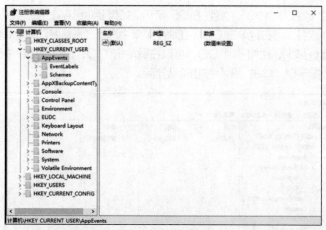

图 8-22　展开注册表

● 用鼠标右键单击 AppEvents，在快捷菜单中选择"新建"中的"项"命令，如图 8-23 所示，注册表会在 HKEY_CURRENT_USER\AppEvents 下以"新项#1"为名创建一个子项，如图 8-24 所示。

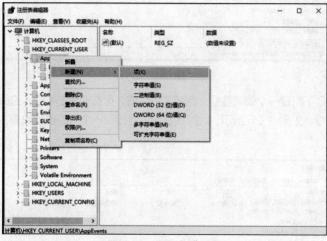

图 8-23　选择"项"命令

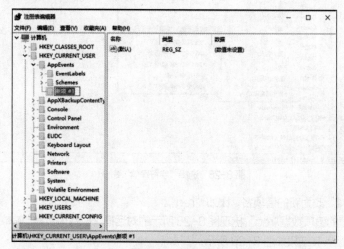

图 8-24　创建子项

- 将"新项#1"改名为"QQ"，如图 8-25 所示。如果要对已存在的主项（子项）改名，比如将前面创建的子项 QQ 改名，可右键单击 QQ，在快捷菜单中选择"重命名"命令，然后输入新的名称即可。如果想删除主项（子项），比如子项 QQ，可以右键单击 QQ，在快捷菜单中选择"删除"命令，此时程序会弹出一个提示框，单击"是"按钮确认删除。

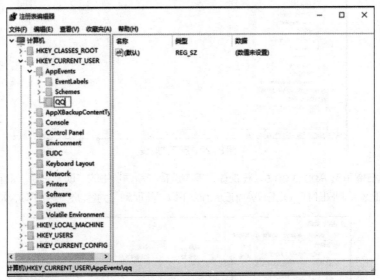

图 8-25　重命名子项

- 如果要在 QQ 下新建一个值项数据，比如字符串值，可右键单击 QQ，选择快捷菜单中"新建"中的"字符串值"命令，如图 8-26 所示。此时在右侧中会出现一个新的值项数据，名为"新值#1"，如图 8-27 所示。

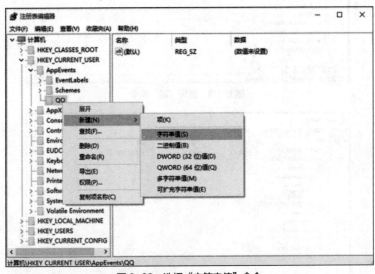

图 8-26　选择"字符串值"命令

- 将"新值#1"改为新的值项名，比如"reg"。
- 双击新创建的值项数据"reg"，出现图 8-28 所示的对话框，在"数值数据"文本框中输入"OICQ"。值项数据创建完成后，其结果如图 8-29 所示。

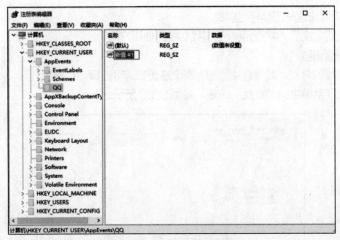

图 8-27　出现新的值项数据

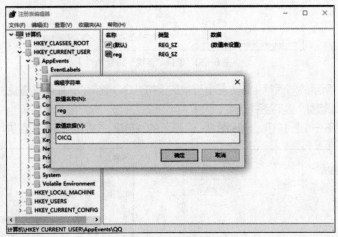

图 8-28　输入数值数据

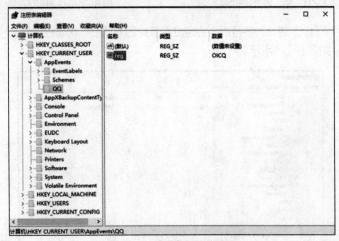

图 8-29　创建完成后的结果

（2）使用查找功能。

注册表中的子项数目繁多。手动在众多的子项中查找所需要的信息，犹如大海捞针。不过，注册表编辑器提供的查找功能将这一问题轻松解决。

下面以查找"QQ 游戏"字符为例介绍查找功能的使用方法。

- 启动注册表编辑器。
- 选择需要查找的分支。如果查找范围为整个注册表，可选择"计算机"。
- 选择"编辑"菜单中的"查找"命令，如图 8-30 所示。

图 8-30　选择"查找"命令

- 在图 8-31 所示的对话框中输入需要查找的字符"QQ 游戏"。如果只查找主项，可勾选"项"复选框，以缩小查找范围，提高查找速度。
- 单击"查找下一个"按钮，出现图 8-32 所示的消息框，表示注册表正在进行查找。

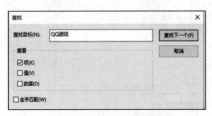

图 8-31　输入需要查找的字符

图 8-32　注册表正在进行查找

- 注册表查找到"QQ 游戏"字符后，会定位到查找到的项上，状态栏中显示所查找到的字符在注册表中所处的位置，如图 8-33 所示。

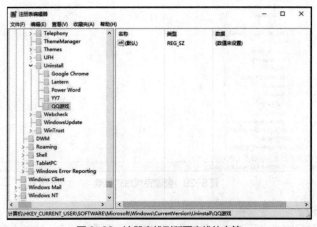

图 8-33　注册表找到所要查找的字符

- 如果查找到的信息不符合要求，可按 F3 键继续查找注册表中其他与字符"QQ 游戏"相关的信息。

（3）收藏功能。

Windows 10 注册表的收藏功能与网页浏览器的收藏功能相似，只不过网页浏览器收藏夹中保存的是网址，而注册表中保存的是项的位置。通过收藏功能，我们可以在修改注册表时，将经常访问的一些项的位置加入收藏夹中，方便以后快速定位。比如，我们经常要修改 HKEY_CURRENT_USER\Software\Microsoft\Windows\CurrentVersion 下的内容。如果每次修改都一层一层地展开，那是很麻烦的。利用收藏功能，只要事先将其位置添加到收藏夹，以后就可以通过"收藏"菜单快速定位到 CurrentVersion 这个子项。将子项 CurrentVersion 添加到收藏夹可按以下步骤操作。

- 依次展开 HKEY_CURRENT_USER\Software\Microsoft\Windows\CurrentVersion，如图 8-34 所示。

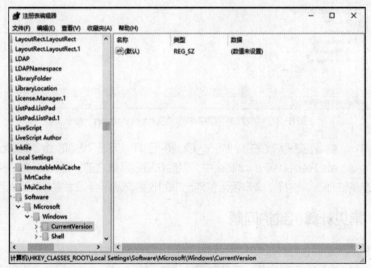

图 8-34 找到子项

- 选择"收藏夹"菜单中的"添加到收藏夹"命令，如图 8-35 所示。
- 在弹出的对话框中输入收藏夹名称，此处输入"CurrentVersion"，单击"确定"按钮，如图 8-36 所示。

图 8-35 选择"添加到收藏夹"命令

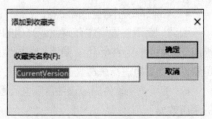

图 8-36 输入收藏夹名字

完成上述操作后，以后要修改 HKEY_CURRENT_USER\Software\Microsoft\Windows\CurrentVersion 中的内容，选择"收藏夹"菜单中的"CurrentVersion"命令，即可定位到CurrentVersion子项，如图 8-37 所示。

图 8-37  "收藏夹"菜单中的"CurrentVersion"命令

在注册表中，收藏夹存放在 HKEY_CURRENT_USER\Software\Microsoft\Windows\CurrentVersion\Applets\Regedit\Favorites 中，以后在重装系统之前，可将此分支导出，重装系统完成后再将其引入新的注册表。这样，辛辛苦苦整理出来的收藏夹就不会因为重装系统而丢失了。

### 34.2.3  常见计算机维护问题

对普通计算机用户来说，在进行维护时，可能遇到以下一些问题。

• 使用 Windows 10，在每次关机或者重新启动时，都有一段时间会显示"正在保存设置"画面，怎样才能快速关闭计算机？

关于这种情况，可以通过以下操作来快速关机。在准备关机或重新启动计算机时，按 Ctrl+Alt+Delete 组合键，打开"Windows 任务管理器"对话框，按住 Ctrl 键，并选择"关机"/"关闭"（或"重新启动"）菜单命令，再释放 Ctrl 键，即可跳过"正在保存设置"画面，而直接关机或重新启动计算机。

• 在使用 Windows 10 操作系统一段时间后，计算机的运行速度变慢了许多，用了一些优化软件，也没有什么作用，有什么方法可以解决？

在 Windows 10 操作系统中有一个预读的设置，它虽然可以提高速度，但随着时间的增加，预读文件变多，便会使系统变慢，因此当计算机的运行速度变慢以后，可以删除这些预读文件。在"Windows\Prefetch"文件夹下将所有的预读文件删除，重启计算机即可。

• 如何清除引导型病毒？

引导型病毒主要寄生在硬盘或光盘的引导区内，当带有病毒的硬盘引导并启动系统时，引导型病毒被自动加载到内存中运行。要清除引导型病毒，可使用没有病毒的系统安装盘启动计算机后，再使用杀毒软件对计算机进行杀毒。

• 使用杀毒软件时应该注意哪些问题呢？如果在一台计算机中安装多个杀毒软件，是否能起到更好的杀毒效果？

杀毒软件都有属于自己的病毒库，病毒库中存放了已知病毒的特征码，杀毒软件就是根据这些特征码来查杀病毒。由于每天都会出现许多新的病毒，因此用户应定期地对杀毒软件的病毒库进行升级，提高其查杀病毒的能力。不同的杀毒软件会采用不同的模块来抵制病毒，而这些模块又直接影响系统的运行，大多数情况下，在同一台计算机中安装多个杀毒软件，不仅不能起到杀毒的作用，还会发生冲突。所以并不建议安装多个杀毒软件，选择一款适合自己计算机的杀毒软件即可。

- 在 Windows 10 中，驱动器在默认情况下是共享的，如何关闭共享驱动器？

在"开始"菜单栏的"搜索程序和文件"文本框中输入"Msconfig.exe"，按 Enter 键后打开"系统配置"对话框，在该对话框中单击"服务"选项卡，在"服务"选项卡的下拉列表中找到"Server"选项，这就是控制共享驱动器的选项设置，在状态处可以看出该服务正在运行，取消勾选"Server"复选框，重新启动计算机即可关闭共享驱动器。

- 计算机的硬件也存在安全问题吗？

计算机的硬件设备也会对系统安全构成威胁，比如显示器、键盘、打印机，它们的电磁辐射会把计算机信号扩散到几百米甚至一千米以外的地方，针式打印机的辐射甚至达到 GSM 手机的辐射量。人们可以利用专用接收设备把这些电磁信号接收，然后还原，从而实时监视计算机上的所有操作，并窃取相关信息。

## 34.3  任务实施

熟悉了相关基础知识，现在一起来动手试试吧。理论与实践相结合才能更好地掌握知识。

我们一起来看看如何应用注册表。

（1）禁用控制面板。

控制面板是 Windows 用户调整和设置系统硬件及软件的最主要手段。如果不希望其他用户随意对其中的设置进行改动，可以通过修改注册表，达到禁止其他用户使用控制面板的目的。具体操作步骤如下。

- 运行注册表编辑器。
- 打开 HKEY_CURRENT_USER\Software\Microsoft\Windows\CurrentVersion\Policies 子项。
- 在其下面新建子项 Explorer，并进入。
- 新建双字节值 NoControlPanel，将数值设为 1。数值设为 1 时，表示禁用控制面板；设为 0 或数值不存在时，表示容许使用控制面板。
- 如果试图打开控制面板，系统会弹出图 8-38 所示的消息框，提示无法完成操作。

图 8-38  限制操作消息框 1

（2）禁用"个性化"中"屏幕保护程序"。

- 运行注册表编辑器。
- 打开 HKEY_CURRENT_USER\Software\Microsoft\Windows\CurrentVersion\Policies 子项。
- 在其下面新建子项 System，并进入。
- 新建双字节值 NoDispScrSavPage，将数值设为 1。数值设为 1 时，表示禁用"屏幕保护程序"功能；设为 0 或数值不存在时，表示允许使用"屏幕保护程序"功能。
- 单击控制面板中"个性化"，单击"屏幕保护程序"按钮，系统会弹出图 8-39 所示的消息框，提示无法完成操作。

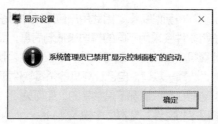

图 8-39　限制操作消息框 2

（3）关闭光驱自动播放功能。

在默认情况下，只要将光盘放入光驱，光驱就会自动运行。通过修改注册表，可关闭光驱的自动播放功能。

- 运行注册表编辑器。
- 打开 HKEY_LOCAL_MACHINE\SYSTEM\CurrentControlSet\Services\Cdrom 子项。
- 双击右侧的双字节值 AutoRun，将数值设为 0。
- 重新启动计算机。

（4）为应用程序添加声音。

在控制面板的"声音和音频设备"中，可设置一些与系统相关的声音，比如在登录 Windows 时发出音乐声，但是"音乐和音频设备"中能提供声音的应用程序非常少，通过修改注册表，可为其他应用程序添加声音，比如"画图"程序。具体操作步骤如下。

- 运行注册表编辑器。
- 打开 HKEY_CURRENT_USER\AppEvents\Schemes\Apps 子项。
- 在其下面新建子项"画图"，并进入。
- 在"画图"下新建子项 Open（打开）、Close（关闭）、Maximize（最大化）、Minimize（最小化），如图 8-40 所示。

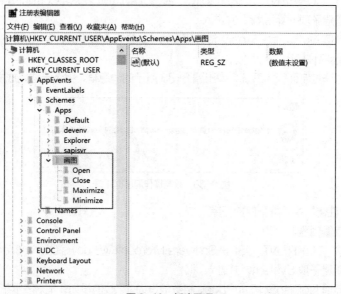

图 8-40　新建子项

- 在控制面板中单击"声音和音频设置"，切换到"声音"选项卡，可看见刚才在注册表中添加的"画图"项及其"打开程序""关闭程序""最大化""最小化"4 个命令，如图 8-41 所示。

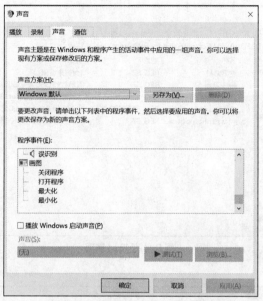

图 8-41 "画图"项及其 4 个命令

- 选择其中的某个命令，然后在下面的"声音"下拉列表中选择该命令所对应的声音。

（5）从内存中卸载 DLL 文件。

运行应用程序时，应用程序会调用动态连接库文件 DLL，但是关闭应用程序后，这些 DLL 文件并没有立即从内存中卸载，占用大量内存，影响了系统性能。通过修改注册表，可使应用程序关闭时 DLL 文件即从内存中卸载。

- 运行注册表编辑器。
- 打开 HKEY_LOCAL_MACHINE\SOFTWARE\Microsoft\Windows\CurrentVersion\Explorer 子项。
- 在其下新建子项 AlwaysUnloadDLL，并进入。
- 双击右侧的"默认"，将数值设为 1。
- 重新启动计算机。

（6）禁止应用程序在系统启动时运行。

有些应用程序在安装后，进入 Windows 时会自动运行。通过修改注册表，可禁止那些不常用的应用程序在系统启动时运行。

- 运行注册表编辑器。
- 打开 HKEY_LOCAL_MACHINE\SOFTWARE\Microsoft\Windows\CurrentVersion\Run 子项，如图 8-42 所示。
- 右侧的若干值项为启动系统时将自动运行的应用程序，将不需要的值项删除即可。

（7）清除"添加或删除程序"中残留项目。

用户可以使用控制面板中的"添加或删除程序"来卸载应用程序，但有时由于用户操作错误，导致有些应用程序无法通过"添加或删除程序"卸载，应用程序还保留在"添加或删除程序"的列表中，通过修改注册表，可以将这些残留项目清除。

- 运行注册表编辑器。
- 打开 HKEY_LOCAL_MACHINE \SOFTWARE \ Microsoft \Windows \Current Version\Uninstall 子项，如图 8-43 所示。

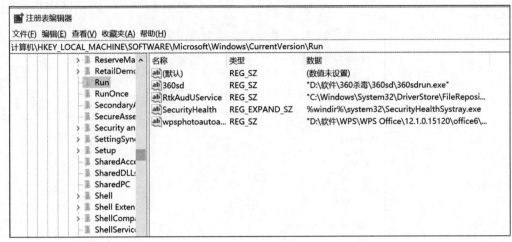

图 8-42　Run 子项

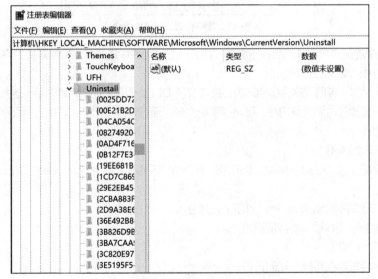

图 8-43　Uninstall 子项

- 其下面的若干子项对应于"添加或删除程序"列表中的项目，将需要卸载的应用程序的对应子项删除即可。

## 实训8.1　使用软件修复系统漏洞

除了通过操作系统自身升级修复系统漏洞外，最常用的方法就是通过软件进行修复，下面以使用360安全卫士修复系统漏洞为例进行讲解，具体操作如下。

（1）在360安全卫士主界面中单击"系统修复"按钮，单击"一键修复"。

（2）程序将自动检测系统中存在的各种漏洞，并将漏洞按照不同的危险程度和功能进行分类，保持默认选中的漏洞，单击"完成修复"按钮。

（3）全部漏洞修复完成后，将显示修复结果，单击"完成"按钮。

知识补充

通常360安全卫士将最重要也是必须进行修复的系统漏洞全部自动选中，其他一些对系统安全危险性较小的系统漏洞，则需要用户自行选择是否修复。

## 实训 8.2 操作系统登录加密

无论是办公还是生活，计算机中都存储了大量的重要数据，对这些数据进行安全加密，才能防止数据的泄露，保证计算机的安全。除了可以在 BIOS 中设置操作系统登录密码外，还可以在 Windows 10 操作系统的控制面板中设置操作系统登录密码，具体操作如下。

（1）打开"控制面板"，单击"用户账户"超链接，单击"在电脑设置中更改我的账户信息"超链接，单击"改用本地账户登录"超链接，如图 8-44 所示。

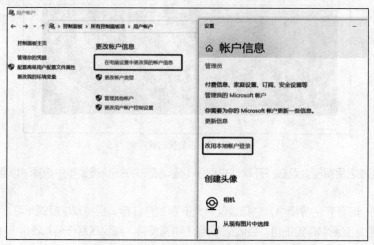

图 8-44　单击"改用本地账户登录"超链接

（2）输入当前密码，密码正确进入下一界面。输入账户名、密码。设置成功后，单击"下一步"按钮，最后单击"注销并完成"按钮。

（3）下次启动计算机进入操作系统时，将打开密码登录界面，输入正确的密码才能登录操作系统。

## 课后练习

（1）操作系统是一种（　　）。

　　A. 系统软件　　　　B. 系统硬件　　　　C. 应用软件　　　　D. 支援软件

（2）计算机应当工作在（　　）的环境中，过高的温度会使计算机无法散出在工作时产生的热量，轻则缩短使用寿命，重则烧毁芯片。

　　A. 10℃～15℃　　　B. 20℃～25℃　　　C. 30℃～35℃　　　D. 40℃～45℃

（3）对计算机进行一次磁盘碎片整理，查看整理后计算机的速度是否有变化。

（4）从网上下载一个最新的杀毒软件，安装到计算机中，并进行全盘扫描杀毒。

（5）修复系统漏洞。

（6）下载木马克星，对计算机进行木马查杀。

（7）利用注册表编辑器禁用控制面板。

## 技能提升

下面我们学习制作系统维护 U 盘的方法。

Windows PE 是一种小型的 Windows 系统，主要用来维修计算机。安装 Windows PE 到 U 盘后，不管计算机有没有系统，都可以使用 U 盘启动计算机，对硬盘进行重分区、调整分区、安装系统、备份系统、还原系统、查看和修改系统密码、恢复数据等。这是一种非常方便、有效的维护系统的方法。系统维护 U 盘的制作步骤如下。

（1）下载一个 Windows PE 维护软件，推荐本地下载 IT 天空的优启通，如图 8-45 所示。在百度中搜索"IT 天空"网站即可。

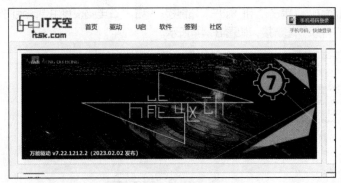

图 8-45　下载优启通界面

（2）下载完成之后解压，双击打开软件主程序（建议右击并在快捷菜单中选择"以管理员身份运行"命令）。

（3）在图 8-46 所示的界面中，选择磁盘为大于 8G 的 U 盘，保持默认模式即可。设置完成后单击"全新制作"按钮。全新制作维护盘，会清空 U 盘的所有资料，建议在制作前先备份 U 盘中的资料。等待一会儿，系统维护 U 盘就制作好了。

图 8-46　制作系统维护 U 盘

（4）按住 Shift 键的同时单击"重启"，之后选择 U 盘启动，即可进入 Windows PE，对系统进行重装等维护操作。

# 项目9
## 排除计算机故障

09

## 【情景导入】

如果计算机的显卡损坏，我们就看不见计算机屏幕显示的内容；存在计算机内的重要文件丢失，我们就无法正常使用软件；计算机网络连接断开，我们就无法上网……在我们使用计算机的过程中，计算机可能会出现故障，但是有些故障是我们可以自己排除的。当我们有了排除计算机故障的能力，计算机就可以更好、更长久地为我们工作。那么我们该如何确定故障来自计算机哪个部分呢？该如何排除故障呢？

本项目讲述排除计算机故障的基本知识，将主要从排除计算机硬件故障、软件故障、网络故障 3 个方面详细介绍。通过对本项目的学习，读者将会对排除计算机故障的相关知识有较为详细的认识与了解。

## 【学习目标】

### 【知识目标】
- 掌握计算机产生故障的原因。
- 掌握计算机故障常用的诊断方法。

### 【技能目标】
- 掌握常见计算机故障的排除方法。

### 【素质目标】
- 加强爱国主义教育、弘扬爱国精神与工匠精神。
- 培养自我学习的能力和习惯。
- 树立团队互助、进取合作意识。

## 【知识导览】

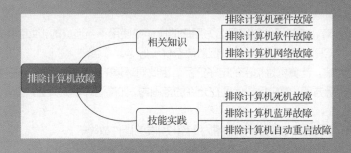

## 任务 35　排除计算机硬件故障

计算机硬件出现故障的情况虽然不及软件频繁，但一旦出现，处理起来往往会很棘手。只要冷静地分析、仔细地排查，就可以排除常见的硬件故障。本任务将全面介绍计算机常见的硬件故障及其排除方法。

### 35.1　任务目标

本任务的目标是了解计算机硬件故障的产生原因，以及诊断和排除方法。通过本任务的学习，可以熟悉排除常见计算机硬件故障的方法。

### 35.2　相关知识

在进行计算机硬件故障排除之前，我们首先要明确计算机硬件产生故障的原因及诊断原则和步骤。

#### 35.2.1　明确计算机硬件产生故障的原因

计算机虽然是一种精密的电子设备，但是同时也是一种故障率很高的电子设备，产生故障的原因及故障表现形式也多种多样。

**1. 计算机故障的分类**

从计算机故障产生的原因来看，故障通常分为硬件故障和软件故障两类。

（1）硬件故障。硬件故障跟计算机硬件有关，是由于主机、外设硬件系统使用不当或硬件物理损坏而引起的故障，如主板不识别硬盘、鼠标按键失灵以及光驱无法读写光盘等都属于硬件故障。

**【知识提示】**

硬件故障通常又分为"真"故障和"假"故障两类。"真"故障是指硬件的物理损坏，如电气或机械故障、元件烧毁等。"假"故障是指因为用户操作失误、硬件安装或设置不正确等造成计算机不能正常工作。"假"故障并不是真正的故障。

（2）软件故障。软件故障是指软件安装、调试和维护方面的故障。例如软件版本与运行环境不兼容，从而使软件不能正常运行，甚至死机、丢失文件。软件故障通常只会影响计算机的正常运行，一般不会导致硬件损坏。

**【知识提示】**

软件故障和硬件故障之间没有明确的界限：软件故障可能由硬件工作异常引起，而硬件故障也可能由于软件的使用不当造成。因此在排除计算机故障时需要全面分析故障原因。

**2. 硬件故障产生的原因**

硬件故障产生的原因多种多样，对于不同的部件和设备，引起故障的主要原因可归纳为以下几点。

（1）硬件自身质量问题。有些厂家因为生产工艺水平较低或为了降低成本使用了劣质的电子元器件，从而造成硬件在使用过程中容易出现故障。

（2）人为因素影响。有些硬件故障是因为用户的操作或使用不当造成的，如带电插拔设备、设备之间插接方式错误、对 CPU 等部件进行超频但散热条件不好等。

（3）使用环境影响。计算机是精密的电子产品，因此对环境的要求比较高，包括温度、湿度、灰尘、电磁干扰及供电质量等方面，都应尽量保证在允许的范围内，如高温环境无疑会严重影响 CPU 及显卡等的性能。

（4）其他影响。例如由于器件正常的磨损和老化引发的硬件故障等。

### 35.2.2  诊断计算机硬件故障的原则和步骤

#### 1. 故障诊断原则
在对硬件故障进行诊断的过程中，一般需要坚持以下 4 项原则。

（1）先静后动。先静后动原则包括以下 3 项内容。

● 检测人员先静后动原则：排除故障前不可盲目动手，应根据故障的现象、性质考虑好检测的方案和方法及用何种仪器设备，然后再动手排除故障。

● 被检测的设备先静后动原则：应先在系统不通电的情况下进行静态检查，以确保安全可靠，若不能正常运行，则需在动态通电情况下继续排查故障。

● 被测电路先静后动原则：先使电路处于直流工作状态，然后排除故障。此时如电路工作正常（输入、输出逻辑关系正确），再进行动态（电路的动态是指加入其他信号的工作状态）检查。

（2）先电源后负载。电源故障比较常见。当系统工作不正常时，首先应考虑供电系统是否有问题。先检查保险丝是否被熔断、电源线是否接好或导通、电压输出是否正常，当这些全部检查完毕后，再考虑计算机系统的问题。

（3）由表及里。由表及里有两层含义：第一层含义为先检查外表，查看是否有接触不良、机械损坏和松动脱落等现象，然后再进行内部检查；第二层含义为先检查机器外面的部件，如按钮、插头和外接线等，然后再检查内部部件和接线。

（4）由一般到特殊。由一般到特殊是指先分析常见的故障原因，然后再考虑特殊的故障原因。因为常见故障的发生率较高，而特殊故障的发生率较低。

#### 2. 故障诊断步骤
按照正确的诊断步骤，可以更快、更准确地找到故障原因，从而达到事半功倍的效果。

（1）由系统到设备。由系统到设备指当一个计算机系统出现故障时，首先要判断是系统中哪个设备出了问题，是主机、显示器、键盘还是其他设备。

（2）由设备到部件。由设备到部件指检测出设备中某个部件出了问题（如判断是主机出现故障）后，要进一步检查是主机中哪个部件出了问题，是 CPU、内存条、接口卡还是其他部件。

（3）由部件到器件。由部件到器件指检测故障部件中的具体元器件或集成电路芯片等。例如已知是主板的故障，而主板上有若干集成电路芯片，像 BIOS 芯片一般是可以替换的，所以要根据地址检测出是哪一片集成电路的问题。

（4）由器件的线到器件的点。由器件的线到器件的点指在一个器件上发生故障，首先要检测是哪一条引脚或引线的问题，然后顺藤摸瓜找到故障点，如接点和插点接触不良，焊点、焊头的虚焊以及导线、引线的断开或短接等。

【知识提示】

当计算机发生故障时，一定要保持头脑清醒，做到忙而不乱，坚持循序渐进、由大到小、由表及里的原则，千万不要急于求成东敲西碰，这样做非但不能解决问题，甚至还有可能造成新的故障。

## 35.3  任务实施

熟悉了相关基础知识，现在一起来动手试试吧。理论与实践相结合合才能更好地掌握知识。

### 35.3.1  插拔硬件诊断故障

插拔法是确定主板和 I/O 设备故障的便捷方法，其操作方法如下。

● 诊断出是因为部件松动或与插槽接触不良引起的故障，可将部件拔出后再重新正确插入，以确定或排除故障。

- 将可能引起故障的部件逐块拔下，每拔一块都要观察计算机的运行情况，以此确定故障源。

【知识提示】

不能带电拔插，要关机断电后再进行拔插，确认安装无误后再加电开机。接触板卡元器件时要先释放静电，方法是用手摸一下水管或地面等导体。

### 35.3.2　替换硬件诊断故障

交换法是在计算机硬件故障诊断中最常用的方法。在对计算机硬件故障进行诊断的过程中，如果诊断出某个部件有问题，而且身边有类似的计算机，就可以使用交换法快速对故障源进行确定。常用的操作方法主要有以下两种。

- 利用正常工作的部件对故障进行诊断：用正常的部件替换可能有故障的部件，接到故障计算机上，从而确定故障源。
- 利用正常运行的计算机对部件故障进行确定：将可能有故障的部件接到能正常工作的计算机上，从而确定部件是否正常。

【知识提示】

交换法非常适用于易插拔的组件，如内存条、硬盘、独立显卡及独立网卡等，但前提是必须要有相同型号插槽的主板。

### 35.3.3　最小系统法

最小系统法是指在计算机启动时只安装最基本的设备，包括 CPU、显卡和内存，连接上显示器和键盘，如果计算机能够正常启动，就表明核心部件没有问题，然后依次加上其他设备，这样可以快速定位故障原因。

【知识提示】

一般在开机后系统没有任何反应的情况下，应使用最小系统法。如果系统不能启动并发出报警声，就可确定是核心部件出现故障，可通过报警声来定位故障。

### 35.3.4　诊断并排除常见计算机硬件故障

#### 1．CPU 故障

CPU 的故障类型不多，常见的有以下几种。

（1）CPU 与主板没有接触好。当 CPU 与主板 CPU 插槽接触不良时，往往会被认为是 CPU 烧毁。这类故障很简单，也很常见。其现象是无法开机、无显示，处理办法是重新插拔。

（2）CPU 工作参数设置错误。此类故障通常表现为无法开机或主频不正确，其原因一般是 CPU 的工作电压、外频、倍频设置错误。处理方法是先清除 CMOS，再让 BIOS 来检测 CPU 的工作参数。

（3）其他设备与 CPU 工作参数不匹配。这种情况中，最常见的是内存的工作频率达不到 CPU 的外频，导致 CPU 主频异常，处理办法是更换内存。

（4）温度过高。CPU 温度过高也会导致计算机出现许多异常现象，如自动关机等。可能的原因包括硅脂过多或过少，风扇损坏或老化，散热片需要清洁，散热片安装过松或过紧导致受力不均匀等。

（5）其他部件故障。当主板、内存、电源等出现故障时，也往往会被认为是 CPU 故障。判断这类故障的方法很简单，只需要将相应部件换到其他正常主机试验一下即可。

#### 2．内存条故障

内存条故障大部分都是假性故障或软故障，在使用交换法排除内存条自身问题后，应将诊断重点放在以下几个方面。

（1）接触不良故障。内存条与主板插槽接触不良、内存条控制器出现故障。这种故障表现为打开主机电源后屏幕显示"Error: Unable to ControlA20 Line"等出错信息后死机。解决的方法是仔细检查内存条是否与插槽保持良好的接触，如果怀疑内存条接触不良，关机后将内存条取下，重新装好即可。内存条接触不良会导致启动时发出报警声。

（2）内存条出错。Windows 系统中运行的应用程序非法访问内存条、内存条中驻留了太多的应用程序、活动窗口打开太多、应用程序相关配置文件不合理等原因均能导致屏幕出现许多有关内存条出错的信息。解决的方法包括清除内存条驻留程序、减少活动窗口、调整配置文件、重装系统等。

（3）病毒影响。病毒程序驻留内存条、BIOS 参数中内存值的大小被病毒修改，将导致内存值与实际内存大小不符、内存条工作异常等现象。解决的办法是采用杀毒软件清除病毒。如果 BIOS 中参数被病毒修改，先将 CMOS 短接放电，重新启动机器，进入 CMOS 后仔细检查各项硬件参数，正确设置有关内存条的参数值。

（4）内存条与主板不兼容。在新配计算机或升级计算机时，选择了与主板不兼容的内存条。解决的方法是首先升级主板的 BIOS，看看是否能解决问题，如果仍无济于事，一般就只能更换内存条了。

### 3. 主板故障

随着主板电路集成度的不断提高及主板价格的降低，其可维修性越来越低。主板常见的故障有以下几种。

（1）元器件接触不良。主板最常见的故障就是元器件接触不良，主要包括芯片接触不良、内存接触不良、板卡接触不良几个方面。板卡接触不良会造成相应的功能丧失，有时也会出现一些"奇怪"的现象。比如声卡接触不良会导致系统检测不到声卡；网卡接触不良会导致网络不通；显卡接触不良，除了导致显示异常或死机外，还可能会造成开机无显示，并发出报警声。

（2）开机无显示。出现开机无显示故障一般是因为主板损坏或被病毒破坏 BIOS。BIOS 被病毒破坏后硬盘里的数据将部分或全部丢失，可以通过检测硬盘数据是否完好来判断 BIOS 是否被破坏。

（3）主板 IDE 接口或 SATA 接口损坏。出现此类故障一般是由用户带电插拔相关硬件造成的，为了保证计算机性能，建议更换主板予以彻底解决。

（4）BIOS 参数不能保存。此类故障一般是由主板电池电压不足造成的，只需更换电池即可。

（5）计算机频繁死机，即使在 BIOS 设置时也会死机。在设置 BIOS 时发生死机现象，一般是主板或 CPU 有问题，只有更换主板或 CPU。出现此类故障一般是由主板散热不良引起的。如果在计算机死机后触摸 CPU 周围主板元件，发现温度非常高，说明是散热问题，需要清洁散热片或更换大功率风扇。

### 4. 显卡故障

显卡故障比较难诊断，因为显卡出现故障后，往往不能从屏幕上获得必要的诊断信息。常见的显卡故障有如下几种。

（1）开机无显示。出现此类故障一般是因为显卡与主板接触不良或主板插槽有问题，只需进行清洁即可。对于一些集成显卡的主板，如果显存共用内存条，则需注意内存的位置，一般在第一个内存条插槽上应插有内存条。

（2）显示颜色不正常。此类故障一般是因为显卡与显示器信号线接触不良或显卡物理损坏。解决方法是重新插拔信号线或更换显卡。此外，也可能是显示器的原因。

（3）死机。此类故障多见于主板与显卡的不兼容或主板与显卡接触不良，这时需要更换显卡或重新插拔。

（4）花屏。故障表现为开机后显示花屏，看不清字迹。此类故障可能是由显示器分辨率设置不当引起的。处理方法是进入 Windows 的安全模式重新设置显示器的显示模式。也可能由于显卡的 GPU 散热不良或显存故障，那么需要改善显卡的散热性能或更换显卡。

**5. 硬盘故障**

计算机系统中许多故障都是硬盘故障引起的。随着硬盘的容量越来越大，转速越来越快，硬盘发生故障的概率也越来越高。硬盘损坏不像其他硬件那样有可替换性，因为硬盘上一般都存储着用户的重要资料，一旦发生严重的、不可修复的故障，损失将无法估计。常见的硬盘故障有以下几种。

（1）Windows 初始化时死机。这种情况比较复杂，首先应该排除其他部件出现问题的可能性，如系统过热或病毒破坏等，如果最后确定是硬盘故障，应赶快备份数据。

（2）运行程序出错。进入 Windows 后，运行程序出错，同时运行磁盘扫描程序时缓慢停滞甚至死机。如果排除了软件方面的设置问题，就基本可以肯定是硬盘有物理故障了，一般只能通过更换硬盘或隐藏硬盘扇区来解决。

（3）磁盘扫描程序发现错误甚至坏道。硬盘坏道分为逻辑坏道和物理坏道两种：逻辑坏道为逻辑性故障，通常为软件操作不当或使用不当造成的，可利用软件修复；物理坏道为物理性故障，表明硬盘磁道产生了物理损伤，一般只能通过更换硬盘或隐藏硬盘扇区来解决。对于逻辑坏道，使用 Windows 自带的"磁盘扫描程序"是简便、常用的解决手段。对于物理坏道，可利用一些磁盘软件将其单独分为一个区并隐藏起来，让磁头不再去读它，这样可以在一定程度上延长硬盘的使用寿命。除此之外，还有很多优秀的第三方修复工具，如 PartitionMagic 等。

（4）零磁道损坏。零磁道损坏的表现是开机自检时，屏幕显示"HDD Controller Error"，而后死机。零磁道损坏时，一般情况下很难修复，只能更换硬盘。

（5）BIOS 无法识别硬盘。BIOS 突然无法识别硬盘，或者即使能识别也无法用操作系统找到硬盘，是最严重的故障。具体方法是首先检查硬盘的数据线及电源线是否正确安装；其次检查跳线设置是否正确（比如一个 IDE 数据线上接了双硬盘或者一个硬盘加一个光驱，是否将两个都设置为主盘或两个都设置为从盘）；最后检查 IDE 接口或 SATA 接口是否发生故障。如果问题仍未解决，可断定硬盘出现物理故障，需更换硬盘。

**6. 光驱故障**

光驱最常见的故障是机械故障，有些是电路方面的故障。而电路故障中用户调整不当引起的故障要比元器件损坏引起的故障要多得多，所以以用户在拆卸或维护光驱设备时，不要随便调整光驱内部的各种电位器，防止碰撞及静电对光驱内部元件的损坏。常见的光驱故障有以下几种。

（1）开机检测不到光驱。这时可先检查一下光驱跳线是否正确；然后检查光驱 IDE 接口或 SATA 接口是否插接不良；最后可能是光驱数据线损坏，若是，更换即可。

（2）进出盒故障。这类故障表现在不能进出盒或进出盒不顺畅。如果故障是由进出盒电机插针接触不良或电机烧毁引起的，只能重插更换；如果故障是由进出盒机械结构中的传送带松动、打滑引起的，可更换尺寸小一些的传送带。

（3）挑碟或读碟能力差。这类故障是由激光头故障引起的。光驱使用时间长或常用于看 DVD，激光头物镜会变脏或老化，用清洁光盘对光驱进行清洁，可改善读碟情况。

（4）必然故障。必然故障是指光驱在使用一段时间后必然发生的故障。该类故障主要有激光二极管老化，使读盘时间变长甚至不能读盘；激光头中光学组件脏污或性能变差，产生"音频""视频"失真或死机；机械传动装置因磨损、变形、松脱而引起的故障。必然故障一般在光驱使用 3～5 年后出现，此时，应更换新光驱。

**7. 电源故障**

电源产生的故障比较隐蔽，一般很少被注意到。

（1）电源故障的现象。大多数部件在启动时都会发一个信号给主板，表明电压符合要求。中断了这个信号，就会显示一些出错信息，让用户能确定故障产生的部位。如果这个信号不定期出现，则表明电压已经不那么稳定了。电源风扇的旋转声一旦停止，就意味着要马上关闭电源，否则风扇停转而造成的散热不良很快就会让机器瘫痪。

（2）电源故障的诊断方法。电源出故障要按"先软后硬"的原则进行诊断，先检查 BIOS 设置是否正确，排除因设置不当造成的假故障；然后检查 ATX 电源中辅助电源和主电源是否正常；最后检查主板电源监控器电路是否正常。

此外，显示器、鼠标、键盘、音箱及打印机等外设也会出现故障，有兴趣的读者可以查阅相关资料，这里就不赘述了。

## 任务 36  排除计算机软件故障

计算机系统投入使用以后，用户的操作、病毒以及软件自身的漏洞等原因会导致各种各样的软件故障。这些故障会使计算机系统运行速度下降、频繁报错甚至死机，从而影响用户的正常使用。本任务介绍当前计算机系统中最常见的软件故障及其排除方法。

### 36.1  任务目标

本任务的目标是了解计算机软件故障的产生原因及排除方法。通过本任务的学习，可以熟悉排除常见计算机软件故障的方法。

### 36.2  相关知识

在进行计算机软件故障排除之前，我们首先要明确计算机软件产生故障的原因及排除方法，下面介绍相关知识。

#### 36.2.1  明确计算机软件产生故障的原因

与硬件故障相比，软件故障虽然破坏性较弱，但是其发生频率更高。归纳起来，产生软件故障的主要原因有以下几个方面。

**1. 文件丢失**

文件丢失往往会导致软件无法正常运行，特别是重要的系统文件。

（1）虚拟驱动程序和某些动态连接库文件损坏。每次启动计算机和运行程序的时候，都会关联上百个文件，但绝大多数文件是一些虚拟设备驱动程序（Virtual Device Driver，VXD）和应用程序依赖的动态连接库（Dynamic Linked Library，DLL）文件。当这两类文件被删除或者损坏时，依赖于它们的设备和文件就不能正常工作。

（2）没有正确地卸载软件。如果用户没有正确地卸载软件而直接删除了某个文件或文件夹，系统找不到相应的文件来匹配启动命令，这样不但不能完全卸载该程序，反而会给系统留下大量的垃圾文件，成为系统产生故障的隐患。只有重新安装软件或者找回丢失的文件才能解决这样的问题。

（3）删除或重命名文件。如果桌面或"开始"菜单中的快捷方式所指向的文件或文件夹被删除或重命名，在通过该快捷方式启动程序时，屏幕上会出现一个对话框，提示"快捷方式存在问题"，并让用户选择是否删除该快捷方式。此故障可通过修改快捷方式属性或重新安装软件来解决。

**2. 文件版本不匹配**

用户会随时安装各种不同的软件，包括系统的升级补丁，都需要向系统复制新文件或替换现存的文件。在安装新软件和进行系统升级时，复制到系统中的大多是 DLL 文件，而这种格式的文件不能与现存软件"合作"，这是大多数软件不能正常工作的主要原因。

**3. 非法操作**

非法操作是由人为操作不当造成的。例如卸载程序时不使用程序自带的卸载程序，而直接将程序所在的文件夹删除；或者计算机感染病毒后，被杀毒软件删除的部分程序文件导致的系统故障等。

**4. 资源耗尽**

一些 Windows 程序需要消耗各种不同的资源组合，如 GUI（图形用户界面）集中了大量的资源，这些资源用来保存菜单按钮、面板对象、调色板等；User（用户）资源，用来保存菜单和窗口的信息；System（系统）资源，是一些通用的资源。某些程序在运行时可能导致 GUI 和 User 资源丧失，进而导致软件故障。

**5. 病毒**

计算机病毒会给系统带来难以预料的破坏，有的病毒会感染硬盘中的可执行文件，使其不能正常运行；有的病毒会破坏系统文件，造成系统不能正常启动；还有的病毒会破坏计算机的硬件，使用户蒙受重大损失。

## 36.2.2  明确计算机软件故障的解决方法

软件故障的种类繁多，但只要有正确的思路，故障问题也就可迎刃而解。

**1. 纠正 CMOS 设置**

如果对 CMOS 内容进行了不正确的设置，那么系统会出现一系列的问题。在进行 BIOS 自检前对 CMOS 中的内容进行一次检查。用"Load BIOS Defaults"或"Load SETUP Defaults"选项恢复其默认的设置，再对一些比较特殊的或后来新增的设备进行设置，以确保 CMOS 设置的正确性。

**2. 避免硬件冲突**

硬件冲突是常见故障，通常发生在新安装操作系统或安装新的硬件之后，表现为在 Windows 的设备管理器中无法找到相应的设备，设备工作不正常或发生冲突，这可能是硬件占用了某些中断，导致中断或 I/O 地址冲突。一般可删除某些驱动程序或先去除某些硬件，再重新安装。

**3. 升级软件版本**

有些低版本的软件本身存在漏洞，运行时容易出错。如果一个软件在运行中频繁出错，可以升级该软件的版本，因为高版本的软件往往更加稳定。

**4. 利用杀毒软件**

当系统运行缓慢或出现莫名其妙的错误时，应当运行杀毒软件扫描系统，检测是否存在病毒。

**5. 寻找丢失文件**

如果系统提示某个系统文件找不到了，可以从其他使用相同操作系统的计算机中复制一个相同的文件，也可以从操作系统的安装光盘中提取原始文件到相应的系统文件夹中。

**6. 重新安装应用程序**

如果是应用程序运行时出错，可以将这个程序卸载后重新安装，在多数时候重新安装程序可以解决很多程序运行故障。同样，重新安装驱动程序也可修复设备因驱动程序出错而发生的故障。

## 36.3  任务实施

熟悉了相关基础知识，现在一起来动手试试吧。理论与实践相结合才能更好地掌握知识。

### 36.3.1　进入安全模式排除计算机软件故障

安全模式是 Windows 操作系统的一种特殊模式，可以在不加载第三方设备驱动程序的情况下启动计算机，使计算机运行在系统最小模式，这样我们就可以方便地检测与修复计算机系统的错误，删除顽固文件，卸载、更新软件等。下面介绍如何进入 Windows 10 安全模式排除计算机软件故障。

（1）按住 Shift 键并单击"重启"，计算机开启后会进入选择选项界面，在这里选择"疑难解答"→"高级选项"→"启动设置"，在启动设置内，按 F4 键进入安全模式。

（2）在"开始"菜单，选择"控制面板"→"程序"→"程序和功能"→"查看已安装的更新"，之后安装的更新程序都会列出，查看"安装时间"，找出最近的导致异常的安装程序，右击并在快捷菜单中选择"卸载"命令。

（3）计算机中病毒时，进入安全模式手动打开杀毒软件，进行全盘查杀病毒。

### 36.3.2　排除 CPU 占用率过高故障

CPU 占用率过高会使得计算机的反应非常迟钝。CPU 占用率高的原因其实非常简单，有时候是我们启动了较大的程序或系统的组件；另外，在使用计算机处理较为复杂的文档或者图形的时候，CPU 的占用率也会升高。下面介绍如何排除 CPU 占用率过高故障。

（1）对于那些没有必要的程序造成的 CPU 占用率过高，我们只需要结束它们的运行。按 Shift+Ctrl+Delete 组合键打开任务管理器，查看所有正在运行的程序的资源占用情况，选择符合的程序，右击并在快捷菜单中选择"结束任务"命令关闭程序，CPU 占有率下降。

（2）当计算机 CPU 占用率较高的程序是系统的组件时，我们在结束它的运行时计算机会弹出警告，这时就不能够将其强行结束，否则可能会引起重启或者关机。但是如果用户并没有启动相关的系统服务，这时我们可以通过重启来解决。此外，特别注意开机的启动项程序，开机启动项程序过多也会强行占用大量的处理器资源，因此我们需要打开安全防护软件来禁止不必要的程序开机启动。

### 36.3.3　修复系统文件

使用计算机的时候，操作不当、突然停电、病毒破坏或经常进行安装和卸载操作等情况，可能会造成系统文件丢失或损坏，使计算机无法正常工作。下面介绍修复系统文件的两种方法。

#### 1. 命令提示符

使用命令提示符修复系统文件的具体操作如下。

（1）在 Windows 10 系统任务栏搜索框中，输入"命令"，搜索到命令提示符之后，在其上单击鼠标右键，选择"以管理员身份运行"命令，如图 9-1 所示。

（2）打开命令提示符之后，输入"sfc /scannow"命令，按 Enter 键之后，进行检测修复，如图 9-2 所示。

#### 2. 重置系统

使用重置系统修复系统文件的操作步骤如下。

（1）打开"开始"菜单，单击"设置"，如图 9-3 所示，进入 Windows 设置界面，单击"更新和安全"。

（2）进入"更新和安全"界面之后，单击"恢复"，在"重置此电脑"选项中单击"开始"。

（3）进入"系统重置"界面之后，选择"保留我的文件"，然后单击"下一步"按钮，重置计算机修复系统文件，"系统重置"界面如图 9-4 所示。

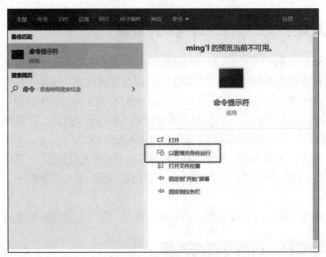

图 9-1　以管理员身份运行

图 9-2　检测修复

图 9-3　单击"设置"

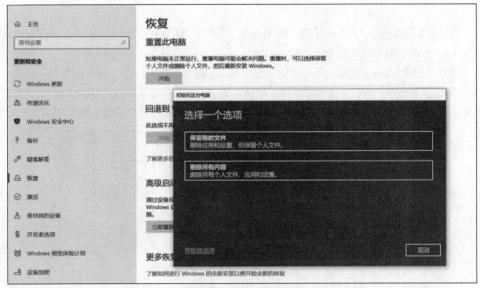

图 9-4 "系统重置"界面

### 36.3.4 修复 EXE 文件

我们在使用 Windows 10 系统的时候，突然发现 EXE 程序打不开了，这有可能是关联错误导致的，可能是用户操作不当，或是遇到一些恶意病毒感染。下面介绍 Windows 10 系统中两种修复 EXE 文件的方法。

**1. 命令提示符**

使用命令提示符修复 EXE 文件的操作步骤如下。

（1）在 Windows 10 系统任务栏搜索框中输入"命令"，搜索到命令提示符之后，在其上单击鼠标右键，选择"以管理员身份运行"命令。

（2）打开命令提示符之后，输入"assoc .exe=exefile"命令，按 Enter 键后如显示". exe=exefile"，则表示成功修复可执行程序的文件关联，如图 9-5 所示。

图 9-5 成功修复

**2. 注册表编辑器**

使用注册表编辑器修复 EXE 文件的操作步骤如下：

（1）打开"开始"菜单，打开"运行"对话框，输入"regedit"命令并按 Enter 键打开注册表编辑器。

（2）在注册表编辑器中，在左侧依次展开 HKEY_CURREnT_UsER/soFTwARE/MiCRosoFT/ Windows/currentversion/Explorer/FileExts/.lnk。

（3）展开".Lnk"项，删除除"Openwithlist"和"Openwithprogids"以外的所有项。

（4）单击"Openwithlist"，在右侧删除"默认"值以外的所有值；双击"Openwithprogids"，在右侧删除"默认"和"Inkfile"以外的所有值。这样就可以修复 EXE 文件出错的故障了，如图 9-6 所示。

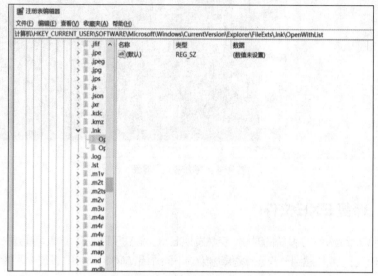

图 9-6　注册表编辑器

### 36.3.5　排除系统长时间黑屏故障

下面介绍两种引起黑屏的原因及解决方法。

**1. 软件驱动问题**

如果刚刚安装新驱动，那么有可能是这个驱动导致了黑屏，需进入安全模式删除此驱动。

解决软件驱动问题的操作如下。

（1）按开机键，启动后不停按 F8 键，进入启动菜单选择界面，选择"安全模式"后回车确定，进入安全模式。

（2）删除这个驱动再开机。

**2. 系统设置错误**

黑屏可能和显示屏的设置有关系。由于显示屏承受不了显卡的高分辨率，所以才导致了黑屏。解决系统设置错误的操作如下。

（1）进入安全模式，打开"开始"菜单，打开控制面板；

（2）在控制面板中，单击"显示"，打开"显示属性"对话框；

（3）在"显示属性"对话框中，单击"设置"，调整电脑的分辨率；

（4）在"显示属性"对话框中，单击"应用"，保存设置。

### 36.3.6　排除系统无限重启故障

如果按下电源按钮后，信号灯会亮起来，屏幕也会亮一下，那么计算机很有可能只是软件方面出了问题，硬件并没有出现问题。让计算机不停重启的软件原因，可能是计算机感染了病毒，也可能是系统文件损坏了。

对于软件问题，我们可以在开机时不断按 F8 键，进入启动菜单选项界面，双击"最后一次正确的配置"。

## 任务 37　排除计算机网络故障

### 37.1　任务目标

本任务的目标是了解计算机网络故障的诊断和排除方法。通过本任务的学习，可以熟悉排除常见计算机网络故障的方法。

### 37.2　相关知识

这一部分主要介绍常用网络故障测试命令和计算机网络故障诊断及排除步骤。

#### 37.2.1　常用网络故障测试命令

常用的网络故障测试命令有 Ping、Tracert、Netstat、Winipcfg 等。下面简单说明它们的基本用法。

**1. Ping 命令**

Ping 命令是测试网络连接状况及数据包发送和接收状况的非常有用的工具，是网络测试最常用的命令。Ping 命令向目标主机发送一个回送请求数据包，要求目标主机收到请求后给予答复，从而判断网络的响应时间和本机是否与目标主机连通。

如果执行 Ping 命令不成功，则可以从以下几个方面预测故障原因：网线故障；网络适配器配置不正确；IP 地址不正确。如果执行 Ping 命令成功而网络仍无法使用，那么问题很可能出在网络系统的软件配置方面，Ping 命令成功只能保证本机与目标主机间存在一条连通的物理路径。

命令格式如下。

Ping IP 地址或主机名[-t][-a][-n count][-l size]

参数含义如下。

- -t：不停地向目标主机发送数据。
- -a：以 IP 地址格式来显示目标主机的网络地址。
- -n count：指定要执行 Ping 命令的次数，具体次数由 count 来确定。
- -l size：指定发送到目标主机的数据包的大小。

例如，当机器不能访问 Internet 时，应该先确认是否是本地局域网的故障。假定局域网的代理服务器 IP 地址为 101.7.8.9，可以使用"Ping 101.7.8.9"命令查看本机是否和代理服务器连通。如要测试本机的网卡是否正确安装，则常用"Ping 127.0.0.1"命令。

**2. Tracert 命令**

Tracert 命令用来显示数据包到达目标主机所经过的路径，并显示到达每个节点的时间。Tracert 命令的功能同 Ping 命令类似，但它所获得的信息要比 Ping 命令详细得多，它把数据包发送所经过的全部路径、节点的 IP 地址及花费的时间都显示出来。该命令适用于大型网络。

命令格式如下。

Tracert IP 地址或主机名[-d][-h maximum_hops][-j host_list][-w timeout]

参数含义如下。

- -d：解析目标主机的名字。
- -h maximum_hops：指定搜索到目标地址的最大跳数。
- -j host_list：按照主机列表中的地址释放源路由。
- -w timeout：指定超时时间间隔，程序默认的时间单位是 ms。

例如，想要了解计算机与"www.cce.com.cn"之间详细的传输路径信息可运行命令"Tracert http://www.cce.com.cn"。

如果在 Tracert 命令后面加上一些参数，可以检测到更详细的信息，例如使用参数-d，可以使程序在跟踪主机的路径信息时，也解析目标主机的域名。

### 3. Netstat 命令

Netstat 命令可以帮助网络管理员了解网络的整体使用情况。它可以显示当前正在活动的网络的连接信息，例如显示网络连接、路由表和网络接口信息，可以统计目前正在运行的网络连接。

该命令可以显示所有协议的使用状态，这些协议包括 TCP、UDP 及 IP 等。另外还可以选择特定的协议并查看其具体信息，还能显示所有主机的端口号及当前主机的详细路由信息。

命令格式如下。

Netstat [-r][-s][-n][-a]

参数含义如下。

- -r：本机路由表的内容。
- -s：显示每个协议的使用状态（协议包括 TCP、UDP、IP）。
- -n：以数字表格形式显示地址和端口。
- -a：显示所有主机的端口号。

### 4. Winipcfg 命令

Winipcfg 命令可以窗口的形式显示 IP 地址的具体配置信息，该命令可以显示网络适配器的物理地址、主机的 IP 地址、子网掩码及默认网关等，还可以查看主机名、DNS 服务器、节点类型等相关信息。其中，网络适配器的物理地址在检测网络错误时非常有用。

命令格式如下。

Winipcfg[/? ][/all]

参数含义如下。

- /?：显示命令中各选项的含义。"?"可替换成下述命令选项。

/batch[file]：命令结果写入指定文件。

/renew_all：重启所有网络适配器。

/release_all：释放所有网络适配器。

/renew N：复位网络适配器 N。

/release N：释放网络适配器 N。

- /all：显示所有相关 IP 地址的配置信息。

## 37.2.2 计算机网络故障的排除

计算机网络故障的排除工作流程如图 9-7 所示。具体来说，首先需要针对计算机网络出现故障的外在表象进行观察，对故障发生的时间、导致的后果做出明确的标识方可借助自身的工作经验和理论知识找出故障产生的根源。随后需要针对计算机网络出现故障的相关信息进行收集。此后需要根据自身的经验，结合理论知识做出相应的判断和分析。在全面使用收集到的计算机网络故障数据和信息的前提下，对具体的故障排除范围进行确定，通过仔细划分故障范围，就可以很轻松地将一些计算机网络中的非故障点进行有效的排除。当然还不可缺少的就是故障排除人员分析出的故障可能发生的原因以及针对每一种原因制订出的故障排除方案。

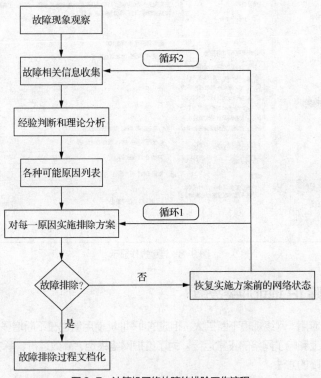

图 9-7　计算机网络故障的排除工作流程

## 37.3　任务实施

熟悉了相关基础知识，现在一起来动手试试吧。理论与实践相结合才能更好地掌握知识。

### 37.3.1　排除本地连接断开故障

排除本地连接断开故障的操作步骤如下。

（1）打开控制面板，单击"网络和 Internet"，单击"更改适配器选项"，双击"以太网"。

（2）单击"配置"，选择"高级"，在"属性"中找到"连接速度和双工模式"，在右边值的下拉列表中选择"100Mbps 半双工"，然后单击"确定"按钮，等待重新获取 IP 地址。

### 37.3.2　排除本地连接正常但无法上网故障

有时网络连接正常，但是网页无法打开，甚至出现时连时断的现象。下面介绍解决的方法。

（1）按 Win+R 组合键打开"运行"对话框，输入"cmd"命令并单击"确定"按钮进入命令提示符窗口。在命令提示符窗口中运行"ipconfig/all"命令，可以查看到本地网关和 DNS 等信息。

（2）打开控制面板，单击"网络和 Internet"，单击"网络和共享中心"。

（3）双击"本地网络"，选择"属性"，双击"Internet 协议版本 4（TCP/IPv4）"。选择"使用下面的 DNS 服务器地址"，为当前连接设置有效的 DNS 服务器地址。设置完后成，再次检查能否正常上网，如图 9-8 所示。

图 9-8　连续操作显示

### 37.3.3　排除 IP 地址冲突故障

随着网络的广泛应用，网络规模不断扩大，相应的 IP 地址使用量也在不断增多，IP 地址冲突现象与日俱增，在一定程度上影响了网络的正常运行。为了维护网络稳定、高效运行，解决 IP 地址冲突问题，下面介绍一种排除故障的方法。

（1）按 Win+R 组合键打开"运行"对话框，输入"ipconfig /release"命令，单击"确定"按钮，把 IP 地址释放出来。这时网络会断开。

（2）再次打开"运行"对话框，输入"ipconfig /renew"命令，单击"确定"按钮，重新获取 IP 地址，即可解决 IP 地址冲突问题。这时网络会重新连接，但 IP 地址已经与原来的不一样了，重新分配到了可用的 IP 地址。

## 实训 9.1　排除计算机死机故障

死机是指无法启动操作系统、画面"定格"无反应、鼠标或键盘无法输入、软件运行非正常中断等情况。造成死机的原因一般可分为硬件与软件两个方面。

（1）硬件原因造成的死机。

由硬件引起的死机主要有以下一些情况。

① 内存故障：主要是内存条松动、虚焊或内存芯片本身质量所致。

② 内存容量不够：内存容量越大越好，最好不小于硬盘容量的 0.5%，过小的内存容量会使计算机不能正常处理数据，导致死机。

③ 软、硬件不兼容：三维设计软件和一些特殊软件可能在部分计算机中不能正常启动或安装，其中可能有软、硬件兼容方面的问题，这种情况可能会导致死机。

④ 散热不良：显示器、电源和 CPU 在工作中发热量非常大，因此保持良好的通风状态非常重要。工作时间太长容易使电源或显示器散热不畅，从而造成计算机死机；另外，CPU 的散热不畅也容易导致计算机死机。

⑤ 移动不当：计算机在移动过程中受到很大震动，常常会使内部硬件松动，从而导致接触不良，引起计算机死机。

⑥ 硬盘故障：老化或由于使用不当造成硬盘产生坏道、坏扇区，计算机在运行时就容易死机。

⑦ 设备不匹配：如主板主频和 CPU 主频不匹配，就可能无法保证计算机运行的稳定性，从而导致频繁死机。

⑧ 灰尘过多：机箱内灰尘过多也会引起死机故障，如光驱激光头沾染过多灰尘后，会导致读写错误，严重的会引起计算机死机。

⑨ 劣质硬件：少数不法商家在组装计算机时，使用质量低劣的硬件，甚至出售假冒和返修过的硬件，这样的计算机在运行时很不稳定，发生死机也很频繁。

（2）软件原因造成的死机。

由软件引起的死机主要有以下一些情况。

① 病毒感染：病毒可以使计算机工作效率急剧下降，造成频繁死机的现象。

② 使用盗版软件：很多盗版软件可能隐藏着病毒，一旦执行，会自动修改操作系统，使操作系统在运行中出现死机故障。

③ 软件升级不当：在升级软件的过程中，通常会对共享的一些组件也进行升级，但是其他程序可能不支持升级后的组件，从而导致死机。

④ 启动的程序过多：这种情况会使系统资源消耗殆尽，个别程序需要的数据在内存或虚拟内存中找不到，也会出现异常错误。

⑤ 非正常关闭计算机：不要直接使用机箱上的电源按钮关机，否则可能会造成系统文件损坏或丢失，使计算机自动启动或者在运行中死机。

⑥ 误删系统文件：如果系统文件遭破坏或被误删除，即使在 BIOS 中各种硬件设置正确无误，也可能造成死机或无法启动。

⑦ 应用软件缺陷：这种情况非常常见，如在 Windows 8 操作系统中运行在 Windows XP 中运行良好的 32 位系统的应用软件。Windows 8 是 64 位的操作系统，尽管兼容 32 位系统的软件，但有许多地方无法与 32 位系统的应用程序协调，所以导致死机。还有一些情况，如在 Windows XP 中正常使用的外设驱动程序，当操作系统升级到 64 位的 Windows 系统后，可能会出现问题，使系统死机或不能正常启动。

（3）预防死机故障的方法。

对于死机故障，可以通过以下一些方法进行预防。

① 在同一个硬盘中不安装太多操作系统。

② 在更换计算机硬件时插好，防止接触不良引起的系统死机。

③ 不在大型应用软件运行状态下退出之前运行的程序，否则可能引起系统的死机。在应用软件未正常退出时，不关闭电源，否则可能造成系统文件损坏或丢失，引起自动启动或者在运行中死机。

④ 设置硬件设备时，检查有无保留中断号（IRQ），不要让其他设备使用该中断号，否则会引起中断冲突，从而造成系统死机。

⑤ CPU 和显卡等硬件不超频过高，注意散热和温度。最好配备稳压电源，以免电压不稳引起死机。

⑥ BIOS 设置恰当，虽然建议将 BIOS 设置为最优，但所谓最优并不是最好的，有时最优的设置反倒会引起启动或者运行死机。

⑦ 不轻易使用来历不明的移动存储设备；对电子邮件中所带的附件，用杀毒软件检查后再使用，以免感染病毒导致死机。

⑧ 在安装应用软件的过程中，若出现对话框询问"是否覆盖文件"，最好选择不要覆盖。因为通常当前系统文件是最好的，不能根据时间的先后来决定覆盖文件。在卸载软件时，不删除共享文件，

因为某些共享文件可能被系统或者其他程序使用，一旦删除这些文件，可能会使其他应用软件无法启动而死机。

⑨ 在加载某些软件时，注意先后次序，有些软件编程不规范，因此要避免优先运行，建议将之放在最后运行，这样才不会引起系统管理的混乱。

## 实训 9.2  排除计算机蓝屏故障

计算机蓝屏又叫蓝屏死机（Blue Screen Of Death，BSOD），指的是 Windows 操作系统无法从一个系统错误中恢复过来时所显示的屏幕图像，是死机故障中特殊的一种。

（1）蓝屏的处理方法。

蓝屏故障产生的原因往往集中在不兼容的硬件和驱动程序、有问题的软件和病毒等，这里提供了一些常规的解决方案，在遇到蓝屏故障时，应先对照这些方案进行排除，下列内容对安装 Windows Vista、Windows 7、Windows 8 和 Windows 10 的用户都有帮助。

① 重新启动计算机：蓝屏故障有时只是某个应用程序或驱动程序偶然出错引起的，重新启动计算机即可解决。

② 检查病毒：如"冲击波"和"振荡波"等病毒有时会导致 Windows 蓝屏死机，因此查杀病毒必不可少。另外，一些木马也会引发蓝屏，最好用相关工具软件扫描。检查硬件和驱动程序，特别是要检查新硬件是否插牢，这是容易被忽视的问题。如果确认没有问题，将其拔下，然后换个插槽试试，并安装最新的驱动程序，同时还应对照微软官方网站的硬件兼容类别检查硬件是否与操作系统兼容。如果该硬件不在兼容表中，那么应到硬件厂商网站进行查询，或者拨打电话咨询。

③ 新硬件和新驱动：如果刚安装完某个硬件的新驱动程序，或安装了某个软件，而它又在系统服务中添加了相应项目（如杀毒软件、CPU 降温软件和防火墙软件等），在重启或使用中出现了蓝屏故障，可到安全模式中卸载或禁用驱动或服务。

④ 运行"sfc/scannow"命令：运行"sfc/scannow"命令检查系统文件是否被替换，若有，可用系统安装盘来恢复。

⑤ 安装最新的系统补丁和 Service Pack：有些蓝屏是 Windows 本身存在缺陷造成的，可通过安装最新的系统补丁和 Service Pack 来解决。

⑥ 查询停机码把蓝屏中的内容记录下来，进入微软帮助与支持网站输入停机码，找到有用的解决案例。另外，也可在百度等搜索引擎中使用蓝屏的停机码搜索解决方案。

⑦ 最后一次正确配置：一般情况下，蓝屏都出现在更新硬件驱动程序或新加硬件并安装驱动程序后，这时 Windows 提供的"最后一次正确配置"功能就是解决蓝屏故障的快捷方式。重新启动操作系统，在出现启动菜单时按 F8 键就会出现启动菜单选择界面，选择"最后一次正确配置"选项进入系统即可。

（2）预防蓝屏故障的方法。

对于蓝屏故障，可以通过以下的方法进行预防。

① 定期升级操作系统、软件和驱动程序。

② 定期对重要的注册表文件进行备份，避免系统出错后，未能及时替换成备份文件而产生不可挽回的损失。

③ 定期用杀毒软件进行全盘扫描，清除病毒。

④ 尽量避免非正常关机，减少重要文件的丢失，如.dll 文件等。

⑤ 对普通用户而言，系统能正常运行，可不必升级显卡、主板的 BIOS 和驱动程序，以避免升级造成的故障。

## 实训 9.3 排除计算机自动重启故障

计算机的自动重启是指在没有进行任何启动计算机的操作下，计算机自动重新启动。这种情况通常也是一种故障，其诊断和处理方法如下。

（1）由软件原因引起的自动重启。

软件原因引起的自动重启比较少见，通常有以下两种。

① 病毒控制："冲击波"病毒运行时会提示系统将在 60 秒后自动启动，这是因为木马程序从远程控制了计算机的一切活动，并设置计算机重新启动。解决方法为清除病毒、木马或重装系统。

② 系统文件损坏：操作系统的系统文件被破坏，如 Windows 下的 kernel32.dll，系统在启动时无法完成初始化而强制重新启动。解决方法为覆盖安装或重装操作系统。

（2）由硬件原因引起的自动重启。

硬件是引起计算机自动重启的主要因素，具体有以下 5 种。

① 电源因素：组装计算机时选购价格低的电源，是引起系统自动重启的最大嫌疑之一，这种电源可能由于输出功率不足、直流输出不纯、动态反应迟钝和超额输出等原因，导致计算机经常性死机或重启。解决方法为更换大功率电源。

② 内存因素：通常有两种情况，一种是热稳定性不强，开机后温度一旦升高就死机或重启；另一种是芯片轻微损坏，当运行一些 I/O 吞吐量大的软件（如媒体播放软件、游戏、平面/3D 绘图软件）时就会重启或死机。解决方法为更换内存。

③ CPU 因素：通常有两种情况，一种是由于机箱或 CPU 散热不良；另一种是 CPU 内部的一、二级缓存损坏。解决方法为在 BIOS 中屏蔽二级缓存（L2）或一级缓存（L1），或更换 CPU。

④ 外设因素：通常有两种情况，一种是外部设备本身有故障或者与计算机不兼容；另一种是热拔插外部设备时，抖动过大，引起信号或电源瞬间短路。解决方法为更换设备，或找专业人员维修。

⑤ Reset 开关因素：通常有 3 种情况，一种是内 Reset 键损坏，开关始终处于闭合位置，系统无法加电自检；一种是 Reset 开关弹性减弱，按钮按下去不易弹起，开关稍有振动就闭合，导致系统复位重启；一种是机箱内的 Reset 开关引线短路，导致主机自动重启。解决方法为更换开关。

（3）由其他原因引起的自动重启。

还有一些非计算机自身原因也会引起自动重启，通常有以下两种情况。

① 市电电压不稳：通常有两种情况，一种是由于计算机的内部开关电源工作电压范围一般为 170～240V，当市电电压低于 170V 时，就会自动重启或关机，排除方法为添加稳压器（不是 UPS）；另一种是计算机和空调、冰箱等大功耗电器共用一个插线板，在这些电器启动时，供给计算机的电压就会受到很大的影响，往往就表现为系统重启，排除方法为把供电线路分开。

② 强磁干扰：这些干扰既有来自机箱内部各种风扇和其他硬件的干扰，也有来自外部的动力线、变频空调甚至汽车等大型设备的干扰。如果主机的抗干扰性能差，就会出现主机意外重启的现象。排除方法为远离干扰源，或者更换防磁机箱。

## 课后练习

（1）计算机系统中大部分的故障都是由（　　）故障而引起的。

    A．硬盘            B．CPU            C．主板            D．显卡

（2）计算机开机自检时，最先检查的部件为（　　）。

    A．显卡            B．CPU            C．内存            D．主板

（3）主板的常见故障和处理方法有哪些？

（4）根据所学知识尝试解决你遇到的计算机硬件故障。

（5）简述在处理计算机网络故障时应遵循哪些步骤。

（6）根据所学知识尝试解决你遇到的计算机软件故障。

# 技能提升

局域网接入 Internet 有多种方式，不同的方式所适用的网络规模、技术特点、投资成本、安全性能各有不同。在进行需求分析之后，需要选择一种合适的接入方式接入 Internet。

ISP 能提供拨号上网服务及网上浏览、下载文件、收发电子邮件等服务，是网络最终用户进入 Internet 的入口和桥梁。这些服务包括 Internet 接入服务和 Internet 内容提供服务。

## 1. 常见的 Internet 连接方式

目前，连接 Internet 的方式有很多种，并且还存在个人（家庭）用户和企业组用户之分。企业组用户是以局域网或广域网规模接入 Internet 的，其接入方式多采用专线入网。而个人用户一般都采用调制解调器拨号上网，还可以使用 ISDN 线路、ADSL 技术 Cable Modem、掌上计算机及手机上网。

用户采用何种方式上网，主要看其自身是否有此需要及本身的经济能力强弱。企业级用户可以使用个人用户的入网方案，例如利用 ISDN 专线入网；而个人用户也可以使用企业级用户的入网方案。

## 2. 选择 ISP

无论是拨号上网，还是专线入网，首先要获得 Internet 账号。此外，ISP 的好环将直接影响到用户的上网连接质量。特别是目前 ISP 日益增多，用户更应慎重，要多方了解比较后，再从中选择较理想的 ISP。

选择 ISP 通常应考虑如下因素。

（1）通信质量。这里包括 ISP 是否具有对各种通信线路的连接能力，所用的调制解调器（Modem）的速率是否足够高，线路是否优良及对线路的维护能力。

（2）ISP 的位置。尽量选用本地的 ISP，电话费开销比较小。

（3）出口带宽、接入线路。带宽值越大，接入线路数量越多，越好。

（4）接入速率。ISP 所用接入调制解调器（Modem）的速率直接影响用户的接入速率，用户不可能超过它的速率。

（5）服务、价格。结合所提供服务的价值考虑性价比。